PANORAMA
DE LA CORSE.

Paris.—Imprimerie d'A. Sirou, rue des Noyers, 37.

PANORAMA
DE LA CORSE,

OU

HISTOIRE ABRÉGÉE DE CETTE ILE,

ET

Description des Mœurs et Usages de ses habitants,

PAR M. L'ABBÉ DE LEMPS.

PARIS,
A. SIROU, IMPRIMEUR-LIBRAIRE,
Rue des Noyers, 37.
1844.

A MONSIEUR

L'ABBÉ DE LEMPS,

Curé de Saint-André, à Grenoble.

Mon Frère bien-aimé,

Je n'aurais jamais osé vous offrir cette faible production, si je n'eusse considéré que, quelque défiance qu'elle m'inspire, je dois avoir encore plus de confiance en votre fraternelle amitié.

C'est d'elle que je tiens tout ce que je suis ; et, si c'est pour moi un bonheur de le publier, ce n'est pas sans rougir que, pour toute reconnaissance, je vous offre un hommage si peu digne de vous.

Mais il sera du moins le fidèle écho des sentiments de vénération et d'amour que vous inspirez à tous ceux qui vous connaissent.

Permettez donc, mon bien-aimé frère, que, pour vous remercier de tout ce que j'ai de bonheur, dont je vous suis entièrement redevable, j'inscrive votre nom en tête de cet opuscule, comme ces marins qui, parvenus au rivage, tracent sur le sable mobile de la grève les noms chéris et vénérés qu'ils voudraient pouvoir immortaliser.

Veuillez, je vous en prie, accueillir ce faible hommage d'un cœur qui ne cessera jamais de vous aimer.

L'ABBÉ DE LEMPS.

INTRODUCTION.

Quand, livré pour la première fois sur un frêle bateau à la merci des vagues, le jeune exilé jette un dernier regard sur la patrie qui s'éloigne et disparaît sous les eaux, une amère douleur absorbe tout son être, et le plonge tout entier dans le désespoir.

Dès lors, plus de riantes pensées, plus de suaves émotions pour reposer ce cœur malade : la vie pèse sur la jeune âme du fugitif, comme un sombre remords.

Ce fut là presque ce que j'éprouvai en approchant des sauvages bords de la Corse. La veille encore, mon imagination de vingt ans se jouait évaporée dans les rêves puérils de dangers à courir, de bandits à civiliser, et de petits sauvages à instruire. Sur le seuil d'un avenir qui faisait briller à mes yeux tant de douces peines, et surgir mille plaisirs piquants sous mes pas aventureux, je m'enivrais déjà de ce bonheur futur, je me riais de tous les obstacles ; et, écartant avec soin toute amère réflexion, je consacrai avec effusion tous les sentiments de mon cœur à cette terre que j'allais arroser des sueurs de ma jeunesse.

Mais, à la vue de cette immense couronne de montagnes au flanc grisâtre, qui semblent de loin menacer les navires et protéger l'antique repaire des bandits ; à la vue du terrible aspect de ces gorges profondes, de ces solitudes désolées, un ennui profond me saisit au cœur. Toutes mes illusions furent dissipées; tous ces beaux rêves du jeune âge s'évanouirent; une sombre et inquiète mélancolie fit naître en moi les plus tristes souvenirs, les images les plus sombres et les plus noirs pressentiments.

A mesure qu'on approche d'Ajaccio, le tableau s'assombrit. Tous les objets qui s'offrent aux regards pénètrent le cœur d'une indicible tristesse : Ces *Iles sanguinaires*[1], placées comme

---

[1] Les Iles sanguinaires sont deux arides rochers qui s'élèvent à 20 mètres de hauteur, vis-à-vis l'un de

deux sentinelles au milieu de la mer; vers la droite, le long du golfe d'Ajaccio, ce bois épais, coupé par des gorges profondes, et qui sert si souvent d'asile aux proscrits; à gauche, des débris de rochers semés çà et là sur des terres en friche, des croix, des monuments funèbres, symboles de la paix et du pardon, et qui recouvrent cependant des victimes de la vengeance; et, pour complément de la scène, un vaste cimetière dépouillé comme la mort : le bruit des vagues trouble seul le lugubre silence de ces rives désolées.

Ce spectacle révèle à l'esprit je ne sais quel instinct secret, quelle mystérieuse horreur qui repousse l'étranger de cette île hospitalière; et je ne doute pas que ces noires impressions, alimentées encore par l'aspect de ce sol âpre et sauvage, n'aient inspiré aux historiens de la

---

l'autre, à l'entrée du golfe d'Ajaccio. L'espace qui s'étend entre ces deux blocs est si étroit, qu'à peine un grand navire pourrait-il le franchir.

Selon une ancienne tradition, ces deux écueils reçurent le nom d'*Iles sanguinaires*, à cause d'une victoire remportée dans le huitième siècle par les Corses sur les Sarrasins, qui teignirent ces parages de leur sang.

Corse les nombreuses erreurs et les préventions semées dans leurs écrits.

Le premier détracteur de la Corse fut Sénèque, le fameux précepteur de Néron. On peut dire que, dans le tableau qu'il a tracé de cette île, et les épigrammes dont il a voulu la flétrir, il a forfait à l'honneur de la philosophie ; car son langage n'est point celui de la vérité et de la sagesse.

Après avoir parcouru la belle plaine d'Aléria, et les fertiles vallées dont nous parlerons dans le cours de cet ouvrage, on est surpris de trouver dans les œuvres de Sénèque ces paroles à Helvie, sa mère, qui ne respirent que l'amertume et le dépit :

« Quoi de plus dépouillé, quoi de plus es-
« carpé que ce rocher de la Corse ? quoi de plus
« stérile pour un ami de l'abondance ? Où trou-
« ver des hommes plus sauvages, un site plus
« affreux, un climat plus malsain [1] ? »

[1] Quid tam nudum inveniri potest, quid tam abruptum undique quam hoc saxum? Quid ad copias respicienti jejunius? Quid ad homines, immansuetius? Quid ad ipsum loci situm, horribilius? Quid ad cœli naturam, intemperantius? (*Consolat., ad Helv., cap.* 6.)

Le philosophe n'avait pas vu les oliviers et les orangers de la Balagne, ni les vignobles d'Ajaccio et du Cap-Corse, plantés par les Phocéens, ni le beau granit dont nous parlerons dans la suite, quand il disait:

« Les arbres à fruits ou agréables à la vue « sont rares sur cette terre; elle ne produit « rien que les autres peuples puissent envier, « et suffit à peine aux besoins de ses habitants. « Là, point de carrière de minéral précieux, « point de rochers à veines d'or et d'argent[1]. »

On est encore bien plus surpris quand on voit le philosophe disgracié déposer tout à fait sa gravité stoïcienne, et faire mouvoir tous les ressorts de son esprit et de sa verve poétique pour nous tracer le tableau le plus affreux et le moins vrai d'un pays dont il n'avait aperçu qu'une tour et quelques rochers.

« Corse, s'écrie-t-il dans sa première épi-
« gramme, Corse terrible quand l'été commence

---

[1] Non est hæc terra frugiferarum aut lætarum arborum ferax : nihil gignit quod aliæ gentes petant; vix ad tutelam incolentium fertilis ; non pretiosus hic lapis cæditur ; non auri argentique venæ eruuntur. (*Consol. ad Helv.*, cap. 9.)

« à faire sentir ses ardeurs, mais cruelle sur-
« tout sous les feux de la canicule ! grâce pour
« des exilés, ou plutôt pour des infortunés déjà
« ensevelis ! Que ton sol soit léger à la cendre
« des vivants [1] ! »

L'horreur de Sénèque pour le lieu de son exil s'exhale avec plus d'injustice encore dans sa seconde épigramme:

« La barbare Corse, dit-il [2], est fermée de
« toutes parts par des rocs escarpés. Terre hor-
« rible, où l'on ne voit partout que de vastes
« déserts. L'automne n'y donne point de fruits,
« ni l'été de moissons, et la saison des frimats
« ne vient jamais lui offrir les dons de Pallas.

---

[1] Corsica terribilis cùm primum incanduit æstas,
  Sævior, ostendit cùm ferus orâ canis !
Parce relegatis, hoc est, jam parce sepultis :
  Vivorum cineri sit tua terra levis !
  (*Epigr. I,* v. 5 et suiv.)

[2] Barbara præruptis inclusa est Corsica saxis,
  Horrida, desertis undique vasta locis.
Non poma autumnus, segetes non educat æstas :
  Canaque palladio munere bruma caret.
Umbrarum nullo ver est lætabile fœtu,
  Nullaque infausto nascitur herba solo.
Non panis, non haustus aquæ, non ultimus ignis ;
  Hic sola hæc duo sunt : exsul et exsilium.
  (*Epigr. II.*)

« Le printemps n'y réjouit point les regards par
« ses ombrages ; aucune herbe ne croît sur ce
« sol maudit. Là, point de pain pour soutenir
« sa vie, point d'eau pour étancher sa soif,
« point de bûcher pour honorer ses funérailles :
« on n'y trouve que ces deux choses : l'exilé et
« son exil. »

Le jugement de Diderot sur les épigrammes de Sénèque suffira pour réduire à leur juste valeur les amères déclamations du philosophe romain.

« Sénèque avait de l'esprit, du génie, de l'imagination et de la verve; cependant, ses petits ouvrages, écrits sans grâce et sans facilité, ne donneraient pas une haute idée de son talent. Tous relatifs aux désagréments de son exil, et pleins d'humeur, ils ne montrent ni un poëte qui vous séduise, ni un malheureux qui vous touche, ni un philosophe qui vous instruise. Ce n'est pas au premier instant de la douleur qu'on parle bien : l'on sent trop fortement, et l'on ne pense pas assez. Les vers de Sénèque auraient été meilleurs quelques mois, quelques années, peut-être, après son retour de la Corse. »

Et l'on pourrait ajouter qu'ils auraient été

plus conformes à la vérité. Jamais il ne vit la Corse qu'à travers les barreaux épais de sa tour : il écrivait en face d'un rideau de noirs rochers qui donnaient quelque chose de farouche à la solitude, loin des belles *villas* de l'Italie, dans un pays que ses préjugés, comme Romain, lui faisaient qualifier de barbare, et sous l'impression absorbante d'une sentence d'exil.

Il ne connut de la population corse que ses geôliers, et cet amas grossier d'individus que laissent après eux la navigation et le commerce, comme l'écume que le flot abandonne, en se retirant, sur les grèves désertes.

Mais la vraie population corse, qui se maintenait, les armes à la main, dans les gorges de ses montagnes, loin de tout contact étranger, et qui repoussait l'esclavage romain de toute la longueur de son glaive, celle-là échappa aux investigations du précepteur de Néron, qui n'en soupçonna pas même l'existence.

Il est vrai qu'un autre auteur de l'ancienne Rome, Strabon, partage le sentiment de Sénèque sur la Corse, qui, selon lui, n'est qu'une île escarpée, mal habitée et inaccessible; mais,

Pline le Naturaliste lui assigne trente-trois colonies, et Diodore de Sicile vante son sol et ses habitants, que le même Strabon accuse d'être les plus mauvais esclaves de l'univers. Il en fait ainsi, sans y penser, le plus magnifique éloge. On comprend, en effet, que ces hommes fiers et amis de la liberté ne devaient consentir qu'avec peine à devenir la pâture des lamproies d'un Lucullus.

La Corse n'a pas été mieux jugée par les historiens modernes. Les uns n'ont vu dans ses habitants qu'un peuple de bandits ; et, en stigmatisant les crimes de quelques individus, ils ont fermé les yeux sur des qualités communes à tous, et honorables pour ceux qui en sont pourvus.

Pour ne citer que l'ouvrage intitulé : *Statistique de la Corse,* son auteur s'est trop occupé, à mon avis, à grouper des chiffres pour nous apprendre bien exactement le nombre d'assassinats commis chaque année dans ce pays. Par là, il habitue insensiblement le lecteur à voir, dans ces attentats, les faits de toute la nation. Le peuple corse craint les bandits, mais il ne les aime pas. Plusieurs, sans doute, admirent leur courage, et leur stoïque fermeté en face de la mort ; mais ils n'applaudissent point à leurs crimes; ils ont horreur du sang que la rage de ces brigands fait couler. Si quelquefois des populations entières s'efforcent de soustraire des malfaiteurs aux poursuites de la justice, ce n'est pas par un mouvement de sympathie, mais par un instinct de patriotisme qui ne leur permet point de voir d'un œil tranquille des concitoyens entre les mains de gendarmes étrangers.

On ne peut donc sans injustice marquer d'un sceau flétrissant une population de deux cent mille hommes pour les fureurs de trois cents scélérats qu'elle proscrit. La ville de Paris ne renferme-t-elle pas des milliers de malfaiteurs qui, sans la crainte de l'échafaud, feraient couler sans remords le sang de leurs semblables? Chaque nuit ne couvre-t-elle pas de ses ombres, au sein de la capitale, des assassinats commis pour des motifs plus ignobles que celui qui prend sa source dans un malheureux préjugé ? Si Paris subissait l'épreuve de la méthode qu'emploie l'auteur de la *Statistique de la Corse*, cet asile brillant de toutes les lumières, comme aussi de toutes les vertus, ne serait plus, aux yeux de l'étranger, qu'un repaire ténébreux de brigands.

D'autres écrivains, enfants d'une île calomniée, ont entrepris la noble tâche de la venger des outrages de ses détracteurs ; mais leur amour pour le pays qui les a vus naître a nui beaucoup à la vérité de leurs récits. C'est ainsi que M. Pompeï, en voulant excuser tous les défauts de ses concitoyens, a fait sur la Corse des tableaux si brillants, qu'ils font voir dans leur auteur un éloquent panégyriste, mais non un impartial historien.

Pour nous, qu'une sainte mission a retenu plusieurs années au milieu de ce peuple ; qui en avons étudié sans prévention les usages et les mœurs, nous espérons pouvoir échapper aux deux écueils les plus funestes à l'honneur de l'histoire : la flatterie et la détraction.

Heureux si ces modestes pages appelaient sur une île trop longtemps délaissée l'attention de quelques lecteurs assez puissants pour hâter sa marche dans les voies du progrès et de la civilisation.

PANORAMA
DE LA CORSE,

ou

HISTOIRE ABRÉGÉE DE CETTE ILE.

DESCRIPTION TOPOGRAPHIQUE DE LA CORSE.

Ses productions. — Son climat.

La Corse a un peu plus de quarante lieues de long, et environ vingt-cinq dans sa largeur la plus grande. Une chaîne de montagnes, s'élevant du nord au midi, la divise en deux parts. Plusieurs pics, couverts de neiges éternelles, se font remarquer par leur élévation, surtout le *Monte-Rotondo*, entre Corte et Ajaccio : il se voit de très-loin par-dessus les monts qui, se succédant les uns aux autres, entourent la Corse, à l'ouest et au nord, comme d'un formidable rempart.

A l'est, la belle plaine d'Aléria s'étend depuis Bonifacio jusqu'aux ruines de l'antique cité de Marius. Là, le sol le plus fertile, peut-être, qu'il y ait sous le ciel, est arrosé par mille ruisseaux, et le capricieux Tavignano y promène ses belles eaux bleues, dont la source jaillit des montagnes de l'intérieur. Dans toutes les autres parties de cette île, la nature étale ses plus beaux contrastes et ses caprices les plus ravissants. Des coteaux, chargés de fleurs et de verdure, puis des vallées profondes, dont la solitude majestueuse fait naître au fond des cœurs le silence du recueillement; puis des rocs escarpés, avec leurs frimats, leurs torrents et leurs abîmes : tout y montre à l'œil ravi ce que la Suisse a de plus pittoresque, et la Provence de plus gracieux.

On a souvent comparé la Corse avec la

Judée : on a voulu parler sans doute de la terre antique des Hébreux, où coulaient le lait et le miel, selon l'expression des Livres sacrés; car, depuis, ce sol si fécond s'est desséché sous les pas du musulman; l'islamisme a tari, dans cette région infortunée, toutes les sources de la vie.

Mais pour la Corse, quoique négligée par ses habitants, ennemis des travaux champêtres, elle fait éclore de son sein les fruits de divers climats, et étale partout avec un luxe inouï sa prodigieuse fécondité.

La vigne est presque le seul objet auquel les Corses donnent quelques soins; aussi leur fournit-elle en échange un vin délicieux. Celui d'Ajaccio et du Cap-Corse, surtout, jouissent, dans le pays, d'une juste renommée.

En fait de céréales, les Corses cultivent le froment, le maïs, peu de seigle, mais beaucoup d'orge pour leurs chevaux. Il suffit de remuer la première écorce de cette terre favorisée, pour en obtenir les plus belles moissons; mais les deux tiers de ce sol si propice sont abandonnés sans culture, et hérissés de ronces, de myrtes et de makis. Toutes sortes de plantes sauvages attestent par leur prodigieuse dimension l'énergie du terrain, et accusent les habitants qui le négligent, et les étrangers qui le croient stérile et dépouillé. Mais c'est surtout par les fruits que la nature supplée à la déplorable incurie des Corses : leur variété et leur abondance étonnent, dans une terre si délaissée. Les vallées et les plaines sont couvertes de figuiers qui se chargent tous les ans d'une triple récolte. Tous les ans les bateaux à vapeur transportent en Italie les oranges, les citrons et les grenades de la Corse, et les montagnes de l'intérieur ont pour couronne des noyers et des marronniers couverts d'une mousse séculaire, et dont les fruits servent de nourriture aux animaux.

Cette île fournit encore un autre genre de

production plus important, et qui, bien exploité, suffirait seul pour faire de la Corse le centre d'un grand commerce entre la France et l'Italie. Je veux parler de l'olive. L'arbre qui la produit constitue, dans quelques cantons, de véritables forêts. La Balagne, par exemple, est couverte d'oliviers, et, malgré l'insouciance des habitants, qui laissent périr une partie de cette récolte précieuse, ils en vendent encore pour plusieurs millions[1].

L'huile corse est délicieuse, malgré la

[1] Dans l'année 1838, l'huile d'olive, qui se vendait 50 centimes le litre, produisit, pour la seule Balagne, un revenu de plus de huit millions. Et cependant, les possesseurs de ces bois d'oliviers, au lieu de recueillir chaque jour les fruits que détachent les vents de l'automne, les laissent pourrir sur la terre, pour ne ramasser en un seul jour que ceux qui ont résisté à l'orage. Au pressoir, on en perd encore une partie : qu'on se figure un terrain battu comme une aire, sur lequel un cheval traîne péniblement une pierre brute comme au sortir de la carrière. Voilà un pressoir corse. Une partie de l'huile se mêle à la terre, et forme de la boue; l'autre se dirige, tant bien que mal, par des canaux en harmonie avec le reste, vers de grands vases de terre qui souvent sont renversés par les travailleurs insouciants, et répandent à grands flots le liquide précieux.

profonde ignorance qui préside à sa fabrication. Blanche et épaisse comme le miel de Narbonne, qu'elle égale presque en douceur, elle supplée au laitage, un peu rare dans le pays.

Enfin, je franchirais bientôt les bornes que je me suis prescrites dans ce petit ouvrage, si j'énumérais toutes les productions qui enrichissent cette contrée, et, je le répète, c'est au sein d'une terre inculte, c'est au milieu des ronces et des makis, et souvent même sur d'arides rochers, que la nature verse dans cette île ses dons les plus précieux. Bienfaitrice trop généreuse, elle nourrit l'indolence de ses enfants, qui n'ont qu'à se baisser pour cueillir les trésors semés sous leurs pas.

Les animaux sauvages sont inconnus en Corse, excepté le sanglier, qui abonde dans les forêts. Au *Fiu-Morbo,* surtout, ils apparaissent en si grand nombre, qu'il est difficile de s'écarter des villages sans en rencontrer plusieurs. Leur chasse est le principal amusement des Corses, qui en font partager le péril à leurs enfants, pour les accoutumer de bonne heure au sang-froid et au courage, et pour leur apprendre à mépriser la mort [1].

J'ose à peine classer parmi les animaux sauvages le mouflon, qui n'existe plus que dans la Corse. Doux comme l'agneau, dont il est, dit-on, la souche primitive, il s'apprivoise si facilement, quoi qu'en dise un certain auteur, que les dames du pays en mènent avec elles dans leurs promenades, comme nos dames de Paris conduisent en

---

[1] Il y a quelques années, un neveu de M. le maréchal Sébastiani, M. Oscar D..., faisait partie d'une de ces grandes chasses. Posté dans un étroit sentier, cet enfant de douze ans, armé de deux pistolets, attendait bravement le gibier. Celui-ci ne se fit pas attendre. Au bout d'un instant, un énorme sanglier, poursuivi par la meute, bondit furieux sur le jeune chasseur. Pris au dépourvu, M. D... fait deux fois feu sur son ennemi sans l'atteindre. Il allait succomber, lorsqu'un de ses jeunes amis, placé à quelques pas du lieu où devait s'engager une fatale lutte, s'élance vers le sanglier, et, d'un coup de pistolet, l'étend mort à ses pieds.

laisse leurs petits épagneuls. Rien de plus gracieux que la forme de ce joli quadrupède. Il tient, par son poil fin et soyeux, de la nature du daim ; deux cornes, placées comme celles du chamois, mais longues de 25 millimètres au plus, ornent son élégante tête, au-dessus de deux yeux noirs et brillants comme ceux de la gazelle.

La Corse nourrit encore de nombreux troupeaux de bœufs, de chevaux, de porcs et de moutons. Tous ces animaux vivent au milieu des makis et des bois, dans un état presque sauvage. Chaque propriétaire marque son bétail de la lettre initiale de son nom, afin de pouvoir le reconnaître au besoin. Peut-être doit-on attribuer à cette vie nomade et exposée aux injures du temps l'extrême maigreur de ces animaux ; car le pâturage est abondant au milieu de ces vallées livrées à la nature. Tout le monde connaît aujourd'hui la petitesse des chevaux corses. Rien n'égale cependant la force et l'agilité de ces animaux. Ils courent à travers les sentiers escarpés, sur le bord des précipices, sans jamais s'abattre. Doués d'un instinct merveilleux, ils semblent deviner les désirs de leur maître, s'attachent à lui, accourent à sa voix, et le suivent partout. Lui seul a le droit de les monter. Dociles comme des agneaux sous la main qu'ils connaissent, ils sont intraitables avec les étrangers. Malheur à celui qui voudrait essayer un jeune cheval corse, sans avoir fait auparavant connaissance avec lui ! Il serait bientôt désarçonné et foulé aux pieds. Ces élégants coursiers, vifs comme l'éclair, impatients et rétifs comme le mulet, ont bientôt renversé le cavalier le plus habile, et, plutôt que de supporter patiemment cette charge incommode, ils se renversent sur eux-mêmes ou se jettent dans un fossé.

Les Corses habituent leurs enfants, dès l'âge le plus tendre, à monter à cheval, et l'on en voit souvent de cinq à six ans qui semblent voler comme l'hirondelle sur leur légère et rapide monture. Le prix d'un bon cheval corse ne s'élevait guère, il y a six ans, au-dessus de 50 francs; mais, depuis, ce genre de commerce a trouvé un grand débouché vers la France par Marseille; de nombreux spéculateurs ont fait un gain immense dans ce trafic; les Corses ont compris enfin la valeur de leurs petits chevaux, et leur prix a triplé.

On conçoit que, dans une île peu cultivée, où la chasse est prohibée pour tous, les oiseaux de toute espèce doivent pulluler à l'infini. Aussi, ceux que l'on recherche avec le plus de soin dans les festins sont en Corse un objet d'importunité pour l'homme. La perdrix rouge, la caille, le merle engraissé par les baies de myrte, et la bécasse, se donnent à un prix très-modique. Au milieu de ces vastes solitudes qui séparent les villages, il est facile aux braconniers de faire la guerre à ces oiseaux en dépit des lois et des ordonnances du préfet ; et les filets venant au secours des armes à feu, le gibier abonde tellement dans les marchés publics. qu'il est, après le poisson et le chevreau, le moins coûteux des aliments.

Pour compléter le bien-être physique des habitants de ce pays, la mer leur ouvre ses trésors, et leur paye avec largesse le tribut quotidien de ses délicieux poissons. Tous les jours, des milliers de pêcheurs couvrent le rivage autour de leur île, et chargent leurs nacelles des richesses inépuisables que leurs filets recueillent sous les eaux.

Tout le monde connaît la pêche solennelle qui se fait chaque année sur les côtes de la Sardaigne et de la Corse : elle a lieu, pour ce dernier pays, près du détroit de Bonifacio. Elle fournit en 1838 plus de deux cent cinquante thons, dont quelques-uns pesaient 60 kilogrammes. Aussi le poisson est, en Corse, l'aliment du pauvre et du riche. Le premier, dès que la faim le presse, accourt au rivage : quelques douzaines d'huîtres, de patèles et autres petits poissons, font les frais de son repas. Les raies, les anguilles, les écrevisses de mer, abondent dans le golfe d'Ajaccio. C'est là que les attendent les filets des pêcheurs, et la voracité des marsouins et des dauphins, et quelquefois les requins eux-mêmes, viennent leur faire la chasse sur ces côtes. Ces monstrueux animaux inspirent une juste terreur aux habitants, qui racontent mille aventures tragiques auxquelles ils ont donné lieu sur ces bords [1].

Lorsque, après la tempête, les flots commencent à se calmer, on voit de nombreux troupeaux de dauphins se jouer sur les eaux, plonger, bondir sur la vague, et se

---

[1] Il y a quelques années, une femme qui lavait son linge sur le môle du port d'Ajaccio fut, dit-on, dévorée par un requin ; et, à peu près vers la même époque, un soldat qui se baignait près du rivage périt aussi sous la dent de ce cruel animal.

livrer à mille évolutions folâtres, pour disparaître de nouveau à l'approche de ces bourrasques qui sont si fréquentes sur la Méditerranée [1].

Mais ce n'est pas seulement pour les plaisirs et les besoins matériels de l'homme que la Corse a des trésors : elle ouvre encore un vaste théâtre à la culture de l'esprit, et les amis des sciences naturelles y trouveront toujours une ample matière à leurs investigations. Un célèbre botaniste assure qu'elle renferme une mine inépuisable pour le scrutateur des mystères des plantes, et de savants professeurs du séminaire d'Ajaccio y trouvent chaque jour de riches trésors dans

[1] J'ai souvent eu lieu de reconnaître la véracité des voyageurs qui nous dépeignent le dauphin comme aimant la société de l'homme et les charmes de l'harmonie. — Un jour, entre'autres, je me promenais sur le golfe d'Ajaccio avec plusieurs amis. Un de nous pinçait une guitare, et les autres l'accompagnaient de leur voix. En un instant, une troupe de dauphins environna notre barque, et nous serra de si près, que, craignant enfin que, dans leurs joyeux transports, ils ne fissent chavirer la fragile nacelle, nous dûmes les priver du plaisir de nous entendre, et renoncer à nos chants.

leurs études sur les insectes et la conchyliologie. La mer jette, dans ses fureurs, les coquillages les plus rares sur les rives d'Ajaccio. Non-seulement on en fait de magnifiques collections, mais encore on en forme des vases de fleurs bien plus brillants que les couleurs flétries de nos bouquets artificiels.

Dans le règne minéral, la Corse possède le plus beau granit que l'on connaisse. Elle renferme encore des carrières de ce beau marbre que les Médicis préfèrent au jaspe de l'Italie pour incruster la superbe chapelle qui renferme leurs somptueux tombeaux.

Quoique le corail ne paraisse pas appartenir à la classe des minéraux, je ne crois pas hors de propos d'en parler ici, parce qu'il peut être l'objet d'un commerce important dans le pays. Cette production marine abonde tellement sur les côtes de la Corse, que des Napolitains ne craignent pas d'exposer sur la haute mer leurs fragiles gondoles, et d'affronter la jalousie et les vexations des habitants, pour venir pêcher ce fruit précieux de la mer jusque dans le golfe d'Ajaccio. Le corail est un des principaux ornements des églises de la Corse : dans celle de saint Erasme, patron des mariniers, à Ajaccio, les autels en sont couverts, et ses branches pourprées, confondues avec les dorures de cette élégante chapelle, produisent un effet ravissant.

Ce coup d'œil rapide et imparfait sur les productions de cette fertile contrée suffira, je l'espère, pour faire entrevoir quelles ressources peut nous offrir cette ancienne conquête, si enviée de nos voisins d'outre-mer, et dont la conservation, grâce à la mauvaise administration qui a presque constamment pesé sur cette île, n'a été jusqu'ici qu'onéreuse pour l'État.

On a beaucoup vanté l'éternel printemps de la Sicile, et la belle Espagne avec son ciel d'azur : je ne crois pas que la patrie de Napoléon puisse leur envier ces deux sources tant célébrées des jouissances de la vie. Tandis que notre France s'ensevelit sous les frimats comme dans un vaste réseau, les vallées de la Corse, à peine dépouillées de leurs fruits, reprennent leur couronne de verdure. Dès le mois de décembre, une séve vigoureuse circule de toutes parts; la végétation s'anime, et les plantes embaument l'air du parfum des plus belles fleurs.

Cependant la Corse doit participer au deuil de la nature; elle aura ses jours sombres, et l'année s'ouvrira pour elle par deux mois d'une incessante pluie. Après ce cataclysme nouveau, le soleil rend sa lumière à son île privilégiée : les nuages s'enfuient, et la mer, lasse enfin du long mugissement de ses tempêtes, rentre paisible dans son lit, pour réfléchir, tout le reste de l'année, un ciel pur et serein.

Les brûlantes chaleurs ne tardent pas alors à se faire sentir. En vain un doux zéphir, soufflant sur les campagnes jusqu'au milieu du jour, cherche à tempérer les ardeurs du soleil; en vain une abondante rosée se détache chaque nuit de l'atmosphère la plus pure et la plus enivrante, les montagnes et les coteaux restent seuls dépositaires de la délicieuse fraîcheur du printemps. C'est alors que les habitants de l'intérieur, devenus nomades, vont habiter ces hauts chalets où se fait le *broccio,* composé de la crème du lait des brebis. Là, mollement couchés au milieu de leurs troupeaux, les Corses aspirent dans leur chaude poitrine l'air pur des plus belles nuits, sans autre abri que la voûte azurée du ciel, d'où se détachent les étoiles, comme pour éclairer de plus près ces paysages embaumés.

Ce qui frappe d'abord, dans cette île si belle et si sauvage, ce qui la constitue comme un pays à part parmi les autres contrées de l'Europe, c'est un mélange luxueux et confus de toutes les saisons. Si la chaleur des plaines vous incommode, montez un peu, et vous trouverez les frimats. Êtes-vous admirateur de la fécondité phénoménale de la nature ? allez au bosquet de la famille Sébastiani, ou dans les jardins de Berbicaja, entre les Iles sanguinaires et Ajaccio : des orangers bien plus grands et plus vigoureux que ceux de la Provence, étaleront à vos regards des fleurs embaumées, des fruits naissants et des fruits mûrs. Le directeur de la belle pépinière d'Ajaccio vous montrera aussi des vignobles qui se chargent de raisins deux fois l'année ; et les plantes étrangères de toutes les parties de l'univers croîtront à vos yeux sous sa main, comme sur le sol natal.

Après cet aperçu général sur la Corse, le lecteur verra, je l'espère, avec intérêt la rapide description des lieux les plus remarquables de ce pays.

TOPOGRAPHIE DES VILLES ET DES VILLAGES PRINCIPAUX DE LA CORSE.

Ajaccio, aujourd'hui capitale de la Corse, et chef-lieu du département, est située à trois kilomètres de la pointe du golfe qui porte son nom. Cette ville est le siége de l'évêché, de la préfecture et d'un tribunal de première instance. Elle possède aujourd'hui un collège communal, et deux séminaires, où deux cents jeunes gens se livrent avec un zèle admirable à l'étude des sciences ecclésiastiques. Cette ville contient 10,000 habitants. Assise au pied d'un riche coteau, elle forme un bel amphithéâtre, et semble toute fière de son gracieux port, assez vaste pour contenir 500 navires. Elle possède aussi une bibliothèque publique de plus de 15,000 volumes, qui attirent chaque jour une multitude de lecteurs avides d'instruction.

Quoique ses monuments publics n'aient rien de bien remarquable, quelques-uns cependant méritent de fixer l'attention des voyageurs. La cathédrale, avec son élégante coupole restaurée par la munificence du roi Charles X, occuperait un rang distingué parmi les édifices religieux, si des peintures à fresque, étalées sans goût, et des statues aux formes plus ou moins bizarres, ne surchargeaient les colonnes élancées de ses trois nefs.

Le nouvel hôtel de la préfecture, construit depuis 1830, est un monument carré d'une simplicité très-élégante : on dirait un immense bloc de marbre blanc.

La citadelle, assise à l'ouest de la ville, la

défend du côté de la mer, tandis que, par son avancement dans les eaux du golfe, elle tempère la violence des vagues qui pourraient exposer les vaisseaux au milieu même du port. Elle rend d'autant plus difficile un abord ennemi dans la cité, que son feu se croise avec celui des tours de *Capitello* et du *Maure*, situées vis-à-vis sur la rive opposée. Les vaisseaux téméraires qui s'engageraient au milieu des boulets vomis de ces deux bords du golfe, seraient bientôt démontés et anéantis. Les Anglais l'éprouvèrent cruellement à l'époque où, alléchés par le général Paoli, ils voulurent jeter un regard de convoitise sur la patrie de Napoléon. Quelques-uns de leurs navires, ayant poussé trop loin leurs cupides explorations, furent abîmés en quelques instants.

Au sortir de la citadelle, ramenez vos pas vers le port : à côté des *palazzi* somptueux et blasonnés des familles *Peraldi* et *Pozzo di Borgo*, vous apercevrez une modeste maison à trois étages. Une petite basse-cour, entourée d'arbres toujours verts, est le seul objet qui la distingue des plus humbles demeures de la cité. Gardez-vous de passer outre, car les étrangers les plus jaloux des gloires de notre France accourent de bien loin pour contempler ces murs vieillis et dépouillés, et recueillir avec admiration quelque antique parcelle d'une tapisserie exposée aux regards des curieux. Entrez donc à leur suite : un Corse au regard fier vous conduira dans une salle à gauche de la porte d'entrée, et, vous montrant le parquet, laissera tomber avec un noble orgueil ces deux mots si expresssifs : *Quivi nasce : Là il naquit!*

Là, en effet, naquit le héros [1] qui, cin—

___

[1] Napoléon naquit le 15 août 1769, et non le 5 février 1768, comme le prétend M. le comte de Ségur dans ses écrits sur les faits prodigieux qui ont signalé pendant quinze ans l'empire colossal de ce vainqueur de l'Europe. J'ai connu à Ajaccio un grand nombre de vieillards, anciens amis de la famille Buonaparte, et, entre autres, M. B***, conservateur de la bibliothèque de la

quante années plus tard, s'en fut mourir à Sainte-Hélène, et dont la dépouille mortelle repose enfin depuis quatre ans dans l'asile de ses vieux guerriers.

Si la ville d'Ajaccio est assez belle dans l'ensemble de ses édifices, ses rues sont malpropres, inégales et mal pavées, excepté le grand cours qui prend naissance à la place du *Diamant*, à l'ouest, et traverse la ville dans toute sa longueur, pour se confondre avec la route royale de Bastia, creusée sous le règne de l'infortuné Louis XVI.

On s'étonne de ne voir à Ajaccio aucun monument public consacré à la mémoire

---

ville, et qui a tenu cent fois le jeune Napoléon sur ses genoux. Tous fixent l'époque de sa naissance au 15 août 1769. Sa mère, disent-ils, était aux offices de la cathédrale le jour de l'Assomption. Surprise tout à coup par les douleurs de l'enfantement, elle se dirigea à la hâte vers sa maison; mais, parvenue dans la salle dont nous avons parlé plus haut, elle mit au monde son Napoléon.

Sur le tapis qui le reçut à son entrée dans la vie, étaient dessinées les images des héros de l'antique Grèce; et la vive imagination des Corses a vu dans cet incident si fortuit un présage de ses triomphes.

de Napoléon. Toutes les rues portent, il est vrai, le nom de quelques membres de sa famille; mais aucune statue ne vient rappeler le souvenir du vainqueur de l'Europe. Il y a quelques années, on posa les fondements d'une colonne de granit sur la place du Diamant; mais, après de si longs délais, il y a lieu de douter si l'on mettra jamais la dernière main à une œuvre qui devait perpétuer le souvenir glorieux de ce grand capitaine, et l'admiration de ses contemporains.

Les environs d'Ajaccio sont d'une beauté remarquable : au milieu du coteau qui sert d'appui à la cité, s'élèvent deux *villas*, autrefois propriété de la famille Buonaparte, et qui appartiennent aujourd'hui à la maison Ramolini. Toutes les deux elles dominent Ajaccio; mais l'une est tournée vers la mer au midi, et l'autre regarde l'intérieur de l'île. La première est presque abandonnée; on n'y voit plus rien d'inté-

ressant, si ce n'est quelques traces des ré-
créations toutes martiales de Napoléon dans
son enfance[1]. Là, sur un magnifique pla-

[1] Il ne sera pas hors de propos, je l'espère, de con-
signer ici quelques détails sur la première enfance de
Napoléon, jusqu'à son entrée au collége de Brienne, car
aucun auteur, que je sache, ne s'est arrêté sur cette
première époque de sa vie, époque cependant assez
pleine de faits qui intéressent, et dont la plupart purent
dès lors faire espérer dans leur auteur, un génie naissant
et la gloire de son siècle.

Napoléon, dans ses premières années, montra un
goût décidé pour les choses sérieuses. Il ne se livra jamais à ces jeux enfantins dont le seul résultat est la dis-
sipation de l'esprit. Pieux et régulier dans sa conduite,
il fut bientôt placé parmi ces enfants qui embellissent,
par la candeur de leur âge, nos cérémonies religieuses,
et qu'on forme de bonne heure au service des autels. Si,
plus tard, ces beaux sentiments furent effacés dans son
âme par les ravages de l'ambition, ils reparurent avec
un nouvel éclat sur le rocher de Sainte-Hélène, et sous
la salutaire influence du malheur.

Tous les jours il servait la messe de M. Ramolini, son
oncle, archidiacre d'Ajaccio; puis, se livrait avec ardeur
à l'étude. Son désir de s'instruire était si vif, que souvent, pour n'être pas distrait par ses camarades, qui
eussent voulu l'avoir pour compagnon de leurs courses et
de leurs jeux, il enfermait ses habits, donnait la clef à
un domestique, avec défense de la lui remettre, lors
même qu'il la réclamerait.

On le vit, à l'âge de neuf ans, travailler des heures
entières à la solution de problèmes d'arithmétique,

teau qui a vue sur le golfe, il rassemblait souvent ses camarades, et ce général de neuf ans les fatiguait par mille évolutions guerrières. Malheur au lâche qui aurait déserté son rang pour prendre du repos! Napoléon fut impérieux au sortir du berceau comme aux jours où il devint un colosse immense sous lequel les royaumes pliaient écrasés.

donner des leçons de lecture et de calligraphie à son frère Lucien, et quand celui-ci, paresseux et dissipé, ne remplissait pas avec soin la tâche imposée, le professeur de neuf ans lui infligeait des pénitences qui auraient fait frémir un élève de l'Université.

On prétend que Napoléon, enfant, sentait parfois au fond de son âme comme un pressentiment de sa future grandeur. M⁰⁰ Lætitia, sa mère, bonne ménagère et très-économe, se plaignait souvent de la modicité de ses revenus pour subvenir aux besoins de sa nombreuse famille. « Sois tranquille, maman, lui disait alors le jeune Napoléon, tu auras un jour de l'argent à ton aise, car je veux devenir *empereur.* » Je laisse à ceux de qui je tiens ce dernier fait le soin de le garantir, s'ils le jugent à propos. Au reste, l'invraisemblance est bien moins frappante aux yeux de ceux qui savent que l'ambition est le vice dominant de la jeunesse corse, et le premier mobile de leur ardeur pour les études; et, d'ailleurs, l'histoire des empereurs romains aura pu faire naître dans l'âme ardente du jeune Buonaparte ce rêve brillant de l'empire, que la Providence s'est chargée de réaliser.

Tout auprès de cette cour, on aperçoit une belle grotte entourée à l'intérieur d'un banc de gazon, et dont un vieux figuier ombrage l'ouverture. C'est là que le jeune Napoléon se cachait pour apprendre ses leçons avec plus de calme. Sans doute aussi que la nature et la position du lieu exerçaient sur son âme, qui ne se connaissait pas encore, une attraction involontaire. C'est ainsi qu'en se développant il cherchait un berceau qui fût à sa taille, et jamais cachette d'enfant ne fut mieux à la mesure de celui qui l'avait choisie pour asile. Elle est formée par deux énormes blocs de granit éboulés du sommet de la montagne. En roulant sur la pente, ils sont venus se heurter l'un contre l'autre, et se servent mutuellement d'appui. Il en résulte une espèce de voûte naturelle à la manière d'un antre cyclopéen. Une extrémité est ouverte et l'autre est bouchée par le talus du terrain. C'est un beau spectacle que ces rudes et pesantes masses de pierre se balançant dans leur merveilleux équilibre, et suspendant leur chute comme pour abriter la jeune tête de Napoléon.

La colline où se trouve cette grotte est pleine d'aspérités et de blocs éboulés, semblables à ceux-là. Elle est tournée vers le midi, et la végétation en est presque africaine. Les plantes les plus communes sont des cactus, aux feuilles grasses et épineuses, s'élevant à dix pieds de hauteur; les buissons de myrte et les oliviers sauvages, les arbousiers avec leurs feuilles de laurier et leurs fruits rouges, et les grandes bruyères.

Le silence n'est troublé que par le sifflement des merles voltigeants dans les broussailles, et par le bruit lointain de la mer roulant sur la plage ses vagues amoncelées.

La vue domine Ajaccio et les vergers; elle plane sur la belle orangerie de la famille *Peraldi*, et se repose sur les flots azurés du golfe, que sillonnent, en se jouant, de nombreux dauphins. En avant, la pleine mer; en arrière, les hautes cimes de la montagne d'Ajaccio, toutes voisines des vastes forêts de *Vico*, et des neiges éternelles du *Monte-Rotondo*.

Voilà la grotte à laquelle Napoléon, enfant, a légué son nom, et qui, sans lui, serait encore perdue parmi les accidents ignorés de cette contrée rocailleuse.

La seconde villa de la famille Buonaparte est mieux conservée. Mollement appuyée contre le sommet d'un coteau, dans un site admirable, et d'où la vue s'étend sur de vastes vignobles, jusqu'au délicieux bosquet de la famille Sébastiani, elle ressemble à un beau lis élevant son pur calice au milieu de la plus luxueuse végétation. Une longue allée d'arbres à fruits conduit sur une haute terrasse d'où l'on descend, par un vaste escalier, au milieu du jardin. Là se trouvent les nombreux citronniers plantés par Napoléon. Aussi, s'il faut en croire la féconde imagination des Corses, tous les fruits de ces arbres apportent en naissant quelque marque distinctive qui rappelle le souvenir de l'illustre planteur. Les uns paraissent décorés de l'aigle impériale, au regard de feu; d'autres sont couronnés d'étoiles; d'autres, enfin, encore plus favorisés, retracent sur leur jaune écorce les traits mêmes du héros auquel ils doivent l'existence. Et malheur à celui qui accueillerait d'un sourire moqueur le récit de tant de merveilles! le narrateur s'en tiendrait pour offensé, tant les folies de l'imagination ont d'empire, quelquefois, sur la pauvre raison humaine.

A huit ou neuf cents mètres, à l'est d'Ajaccio, se trouvent, sur une éminence, les ruines d'une ancienne forteresse, appelée *Castel-Vecchio*. Au bas de cet antique fort, s'étendait jadis Ajaccio, sous le nom d'Ursinium. L'insalubrité de l'air fit déserter cette plaine marécageuse, occupée aujourd'hui par la ferme-modèle du prince Baggiochi, et ses habitants vinrent s'établir plus à l'ouest, sur les bords que leurs descendants occupent aujourd'hui.

Ajaccio possède aussi son jardin des plantes : vers la pointe du golfe, sur un vaste terrain, naguère enseveli sous les eaux, un célèbre botaniste genevois a su faire éclore et grandir des plantes venues de tous les coins de l'univers. Cet homme habile et infatigable semble se jouer, pour ainsi dire, de la nature, et la forcer à violer ses propres lois. Sous sa main, la vigne se charge tous les ans d'une double récolte, et les fruits les plus variés mûrissent à l'envi sur le même arbrisseau.

La pépinière d'Ajaccio parcourue, la scène change de face et s'assombrit. A peine le golfe et ses brillantes gondoles, et les verts orangers, ont disparu aux regards du voyageur, que tous les objets s'offrent à sa vue sous un aspect rude et sauvage. Des bruyères gigantesques s'élèvent le long de la route inégale et tortueuse de Bastia. A peine voit-on, dans le lointain, sur le penchant des montagnes qui bornent l'horizon, quelques cabanes isolées, et souvent veuves de leurs habitants. Ce n'est pas de la tristesse que l'on éprouve dans ces makis silencieux, c'est presque de la terreur. Depuis soixante-treize années que la Corse est à nous, aucun habitant de cette île isolée n'est venu dresser sa tente sur les bords de la route que Louis XVI avait fait tracer dans ce lieu désert. D'Ajaccio à Boccognano, dans un espace de vingt kilomètres, deux habitations rompent seules la monotonie de cette plaine désolée.

Après cinq heures de marche, on aperçoit, dans la gorge d'un rocher entr'ouvert, le village de Boccognano. Des marronniers séculaires et touffus ajoutent encore aux magnifiques horreurs de ce noir paysage. Le voyageur se hâte de franchir ces tristes lieux, où cependant il n'a trouvé que des amis dans ces rudes paysans, qui semblent tout d'abord retracer par leurs mœurs l'âpreté de leurs montagnes.

Depuis Boccognano jusqu'à Corte, la nature se montre partout sombre et terrible. Des rochers largement déchirés, des torrents avec leurs abîmes, et, sur leurs sauvages bords, des makis de cinq mètres de hauteur, ne laissent apercevoir que le zénith.

Au fond du tableau, la vaste forêt de *Vizzavone*, qui cache les marais du *Fiu-Morbo* et la plaine d'Aléria; puis, sur la gauche, la noire montagne d'*Aitone* avec son *Pinus altissima*, le plus élevé des arbres de l'Europe.

On sort enfin de ce nouveau Tartare, et les Champs-Elysées apparaissent bientôt. Les cieux se déploient tout à l'aise aux regards éblouis; et vers la rive gauche du Tavignano, Corte se montre sur le riche penchant d'un coteau surmonté de sa citadelle.

Cette ville, qui renferme de trois à quatre mille habitants, se ressent déjà des douceurs de la civilisation que Bastia verse autour d'elle dans le nord de la Corse. Désormais le voyageur ne rencontrera plus guère sur son passage que des hommes policés, mais aussi il ne jouira plus du sauvage intérêt qu'inspirent les pays à demi barbares. Partout il verra, dans les plaines et les vallées, de joyeux hameaux ; partout il trouvera le cortége de l'abondance, des terres bien cultivées et chargées de fruits, des visages épanouis, et la douce politesse italienne avec son mielleux langage et ses gracieux contours. On croit alors que Corte est une ville frontière qui sépare deux nations, et l'on embrasse l'opinion de quelques auteurs, qui font descendre les Corses du nord des anciens Romains, et ceux du midi des peuplades arabes [1]. A mesure que l'on avance, tou-

---

[1] Cette opinion, soutenue par quelques auteurs, ne manque pas d'une certaine vraisemblance : les Corses

jours au travers de montagnes escarpées qui ne laissent le voyageur qu'au *Nebbio*, les noires impressions recueillies sur les rochers de Boccagnano et les bois d'Aitone s'éva-

nord diffèrent de ceux du midi par leurs mœurs et leur langage. Chez les premiers, le caractère est doux et poli ; ils ont horreur des massacres qui se commettent dans la partie méridionale de leur île ; ils aiment la culture des terres, la vie paisible et le commerce ; Bastia est remplie de négociants ; leur langage est presque le pur italien, sans mélanges d'idiomes étrangers. Ils ont aussi le teint moins basané et les formes plus souples.

Mais les Corses du midi ont le regard superbe et sombre, les traits fortement exprimés, un air fier, roide, indépendant. Ils aiment peu la conversation, et ne répondent que par monosyllabes. Leur langage est un mélange de l'italien, de l'espagnol et de l'arabe. Comme les fiers enfants d'Ismaël, ils vivent au jour le jour, se souciant peu du lendemain. N'est-ce point aussi de ces habitants vagabonds du désert qu'ils ont appris à aimer leurs chevaux plus que tous les trésors ? Ces chevaux, par leur agilité, leur instinct prodigieux et la finesse de leurs membres, ne semblent-ils pas indiquer en eux des coursiers arabes dégénérés, qui néanmoins ont su conserver une partie des qualités de leurs ancêtres ?

Mais surtout le respect des Corses du midi pour un ennemi qui est venu chercher un abri sous leur toit et qu'ils massacrent ensuite, dès qu'il a franchi le seuil de l'asile hospitalier, semble prouver d'une manière assez précise que le sang des Maures d'Afrique qui occupèrent la Corse durant l'espace d'un siècle, coule encore dans les veines d'une partie de ses habitants.

nouissent peu à peu; on croit respirer un air plus pur, et subir la douce influence d'un astre bienfaisant. On rencontre bientôt le village de *Caccia,* que le Golo fertilise de ses eaux limpides. *Caccia* est assis sur un magnifique coteau, qui s'appuie lui-même sur une haute montagne dont le front sévère est couronné de sapins. Il est séparé de la montagne d'*Asco* par une vallée profonde et un torrent qui fournit des truites renommées dans le pays.

Caccia, situé à quelques lieues de Corte, dans la direction d'Ajaccio à Bastia, et uni à l'Ile-Rousse par une route que le gouvernement vient de faire creuser, peut acquérir une grande importance, que sa belle position servirait encore à augmenter. Vis-à-vis, et à quelques lieues de ce village, se trouve celui d'*Asco,* perché comme un nid d'aigle sur le sommet de rochers inaccessibles : on n'y parvient qu'au travers de précipices effrayants. Tout fier des formidables remparts que lui a formés la nature, sans aucun contact avec les habitants des hameaux de ce canton, *Asco* semble défier la civilisation de monter jusqu'à lui; aussi est-il un des villages les plus sauvages de la Corse.

A huit lieues de Corte, toujours dans la direction de Bastia, se trouve le village d'*Orizza*, célèbre par ses eaux minérales, et le génie poétique de ses habitants. Tous recherchent avec ardeur les inspirations de la muse italienne. Les bergers de ce canton, comme ceux qu'instruisait Télémaque durant sa longue captivité, raniment les sombres forêts et le silence de la solitude. Armés de leur *cethara*, ils chantent encore, comme les bergers de Sésostris, « les fleurs « dont le printemps se couronne, les par-« fums qu'il répand, la verdure qui naît « sous ses pas; puis les délicieuses nuits de « l'été, où les zéphirs rafraîchissent les « hommes, et où la rosée désaltère la terre. » Ils mêlent aussi dans leurs chansons, composées par eux-mêmes, les fruits dorés dont l'automne récompense les travaux des laboureurs, ces fruits brillants de l'oranger, si communs sous le beau ciel de la Corse, les bois d'oliviers, symbole de la douceur, de l'abondance et de la paix ; puis les forêts sombres qui couvrent les montagnes, et les creux vallons, où les rivières, par mille détours, semblent se jouer au milieu des riantes prairies.

Mais c'est surtout au pied d'un lit funèbre que la veuve désolée invoque la poésie pour charmer sa douleur. Les chants les plus plaintifs, les élégies les plus touchantes, l'enthousiasme le plus poétique, s'exhalent de son cœur au souvenir des vertus de l'époux qu'elle a perdu.

Je reviendrai plus tard sur cet usage des habitants de la Corse, de célébrer par des chants élégiaques les vertus et les hauts faits des parents qui ne sont plus [1].

---

[1] En l'année 1838, M. le préfet de la Corse, faisant une incursion dans l'intérieur de l'île, un enfant de dix ans, qui gardait un troupeau de chèvres, s'approche de

Après avoir parcouru quelques autres villages sans importance, on entre enfin dans la riche province du Nebbio, qui est à Bastia ce que l'Egypte était jadis à la superbe Rome. Par les aliments qu'elle fournit à son commerce, elle la soutient dans un état de prospérité qui est un objet d'envie pour toutes les autres villes de la Corse.

Oleta, chef-lieu du Nebbio, le dispute à Bastia par la politesse et l'urbanité de ses habitants. On admire encore le vaste édifice

lui et lui débite un compliment en vers corses. Frappé de l'esprit qui brillait à travers cette écorce sauvage, M. le préfet fit entrer le jeune berger au petit séminaire d'Ajaccio. L'enfant se livre avec ardeur à toutes les études. Au bout de deux mois, tous les éléments de la langue des Latins sont compris : il monte de classe en classe, triomphant, par ses succès, de tous ses jeunes rivaux. Au bout de deux ans, les langues latine et grecque, et l'histoire ancienne comme celle du moyen âge, n'avaient plus de difficultés pour lui. Ce jeune élève, qui porte un nom illustré déjà par le troisième et savant successeur de saint Ignace de Loyola, s'est voué à l'état ecclésiastique, et tout fait espérer en lui un de ces hommes qui honorent l'Église et leur siècle par leur génie et leurs vertus.

élevé par la main des disciples de saint François, et qui, malgré son origine antique, semble défier encore les injures du temps. La chapelle de ce couvent, écroulée depuis bien des années, atteste encore, par ses vastes ruines, qu'elle était autrefois la plus belle église du Nebbio.

La *Pieve-del-Nebbio* possède aussi une très-ancienne église, qui le dispute en beauté avec celle de Saint-Michel de *Murato*. Le territoire de ces bourgs est couvert d'oliviers, d'amandiers et d'orangers, et le soleil, pénétrant l'ombre épaisse de ces arbres toujours verts, fait mûrir sous leur feuillage les plus belles récoltes de maïs, d'orge et de froment. Le canton de *Casinca*, dont le chef-lieu est *Vescovato*, étonne surtout par sa prodigieuse fertilité. Ses habitants, industrieux cultivateurs d'une terre qui ne se lasse jamais de leur prodiguer ses fruits, vivent dans cette heureuse abondance qui entretient chez tous la concorde et la plus douce paix, d'autant plus heureux qu'ils ignorent encore cette cupidité que rien ne peut assouvir, et ce luxe effréné qui engloutit chaque jour, dans nos cités de France, les fortunes les mieux affermies. Ils forment, avec ceux de la Balagne et du Cap-Corse, le peuple le plus simple, le plus modeste et le plus ennemi du faste qui soit peut-être en Europe. La franchise, la candeur, la bonne foi, tel est le caractère distinctif des habitants de ces cantons. La jeunesse, active, intelligente, laborieuse, ignore le faste et l'oisiveté, source première de la corruption des mœurs; les chefs de famille donnent à leurs enfants l'exemple de la modération, de la frugalité et de la sagesse, et là, plus que partout ailleurs, la femme est le modèle vivant de toutes les vertus qui forment la couronne de l'épouse et de la mère, de sorte que les procès, les vengeances et les meurtres, si fréquents dans la partie méridionale de la Corse, sont à peine connus dans ces paisibles campagnes.

Saint-Florent, dans le Nebbio, est peut-être la ville la moins peuplée qui soit en Europe. Elle ne renferme que 800 habitants ; mais elle possède un port assez vaste sur le golfe qui porte son nom, et où abordent chaque jour de nombreux navires, et une bonne forteresse où le gouvernement tient constamment une assez forte garnison. Ce n'est pas seulement à ces avantages que Saint-Florent est redevable de son droit de cité ; il le doit encore à son antiquité. Florissant autrefois, mais environné de marais qui rendent le pays malsain, il a vu le nombre de ses habitants s'affaiblir peu à peu, jusqu'à le réduire au niveau des plus modestes villages de la Corse.

A l'époque où la Corse était divisée, sous le rapport religieux, en cinq évêchés, Saint-Florent était le siège de celui du Nebbio, et l'on admire encore son église cathédrale. Ce fut aussi non loin de cette ville que Sénèque, exilé par l'empereur Claude, gémit pendant huit années sous les verroux d'une tour qui a conservé son nom.

Après avoir parcouru et admiré les belles campagnes et les hameaux florissants du Nebbio, le voyageur se dirige vers le nord-est, et le foyer de la civilisation corse brille bientôt à ses regards; Bastia lui apparaît couronnée de vingt-deux villages.

Les navires nombreux qui se balancent dans la rade, l'activité et la douce politesse des habitants, la richesse des magasins, tout annonce le règne heureux et paisible d'un commerce florissant. Dépositaire d'une grande partie des richesses de l'île, Bastia les dirige vers les grands débouchés de Marseille et de Livourne, et s'enrichit par ce moyen des productions de tout le pays. Cette florissante cité est, depuis quelque temps, menacée par deux rivales, l'Ile-Rousse et Calvi. Le gouvernement conçut, dit-on, en 1838, le projet d'unir ces deux villes par une immense chaussée, et de favoriser de tout son pouvoir leur prospérité naissante. Si cette pensée est mise à exécution, Bastia perdra infailliblement le monopole qu'elle a exercé seule jusqu'ici sur toute la contrée. L'Ile-Rousse et Calvi occupant un site admirable sur le bord de la mer et aux confins de la riche Balagne, offriraient un point de communication moins dangereux que le port étroit de Bastia, où viennent chaque année se briser quelques navires[1]. Cette cité renferme peu de monuments qui soient dignes d'attention. On remarque cependant son collége royal, fondé sur l'emplacement d'une maison occupée autrefois par les pères de la Compagnie de Jésus. En fait de monuments religieux, l'église de Saint Jean-Baptiste est assez belle; mais celle de Sainte-Croix,

---

[1] En l'année 1839, plusieurs bateaux à vapeur furent brisés par la tempête à l'entrée du port de Bastia. L'entrée de ce port est très-dangereuse, à cause du prolongement d'un rocher appelé *le Lion*, parce que, vu de loin, il offre une ressemblance assez frappante avec le corps de cet animal.

toute dorée à l'intérieur, atteste, par la profusion de ses ornements, et la richesse et la piété des habitants qui l'ont élevée. Je ne pourrais mieux dépeindre ce bon peuple de Bastia, qu'en lui appliquant les paroles que Fénelon met dans la bouche de Narbal, au sujet des Tyriens.

Les Bastiais sont industrieux, patients, laborieux, propres, sobres, ménagers ; ils ont une exacte police, ils sont parfaitement d'accord entre eux ; jamais peuple n'a été plus constant, plus sincère, plus fidèle, plus sûr, et surtout plus commode aux étrangers. Un négociant bouleversera tout son magasin pour contenter la fantaisie d'un acheteur qui ne demande qu'un objet de la valeur la plus infime, et si, après avoir tenu longtemps le marchand en haleine, et exploré tous les articles de son magasin, l'incommode acheteur ne trouve rien qui soit à son goût, on le traite avec autant d'égards et de politesse que s'il eût fait des emplettes considérables. — Bastia renferme environ 18,000 habitants.

Au nord-ouest de Bastia s'étend le Cap-Corse, qui a environ huit lieues de long et quatre de large. La pointe de ce cap a vue sur l'île de Capraia, et sur celle qu'on donna à Napoléon pour empire. Une partie du territoire du Cap-Corse a longtemps appartenu, comme fief, à l'ancienne et illustre maison des *Gentili*, dont le dernier chef s'est rendu si célèbre en Corse par ses longs malheurs et sa fin tragique [1].

[1] M. le comte de *Gentile* avait sauvé, au travers des révolutions, les immenses débris de son ancienne opulence. De vastes domaines, dans le Cap-Corse et au centre de l'île, assuraient à ses enfants un rang digne de leurs aïeux. Mais cet homme vertueux voulut faire servir toute son influence à l'anéantissement des bandits, qui, après la chute du roi Charles X, promenaient le ravage et la mort dans tous les coins de l'île. Irrités contre lui, ils jurèrent sa perte; mais, ne pouvant l'atteindre derrière les créneaux de son castel, ils conçurent le dessein d'empêcher à ses fermiers la culture de ses terres, et de défendre à ses bergers de conduire ses troupeaux aux pâturages. L'un de ces bergers voulut braver les féroces ennemis de son maître, et conduisit ses moutons dans des champs écartés. Sa témérité lui coûta cher : trois

En prenant la direction de Saint-Florent à Ajaccio, sur le bord de la mer, on arrive aux confins de la riche Balagne. Son territoire, qui ne renferme qu'environ vingt-cinq villages, a été décoré, comme celui du Nebbio, du nom de province. Il se compose de trois belles vallées qui prennent naissance vers les montagnes de l'intérieur, et se prolongent jusqu'à la mer. Celle qui est plus au nord aboutit à l'Ile-Rousse, et la troisième à Calvi. Cette petite ville est protégée par la plus belle forteresse qui soit en Corse,

---

bandits le saisirent et lui coupèrent les deux oreilles, « afin, disaient-ils, qu'il se souvînt mieux à l'avenir de la défense qu'on lui avait faite. »

Les terres du comte de *Gentile* restèrent ainsi pendant près de sept ans dans l'abandon le plus complet. Enfin, traqué de toutes parts par une horde sanguinaire, presque sans appui du côté de la police, et au milieu de l'effroi de la population, le malheureux comte tomba entre les mains de ses cruels ennemis, qui le massacrèrent avec un raffinement de cruauté qui fait frémir.

M. de *Gentile* laissa pour appui à sa veuve infortunée un fils dont les talents et les vertus doivent être à ses yeux un remède puissant pour adoucir ses longs malheurs.

*

sans excepter celle d'Ajaccio. Elle possède aussi un collége communal, et son port pourrait devenir, par le moyen de quelques réparations, un des meilleurs de la Corse. J'ai déjà parlé des productions de la Balagne et de la richesse de son territoire. C'est une vaste forêt d'oliviers, d'orangers et d'autres arbres à fruits, à l'ombre desquels sont assis de nombreux villages, comme des nids à l'ombre des bois ; et les habitants, il faut le dire, ne partagent pas l'indolence des Corses du midi, et savent mieux mettre à profit la fécondité de leur sol.

Au sortir de la Balagne, on s'élance de nouveau à travers les monts ; on longe la pointe du beau golfe de Porto, et, laissant à gauche le *Monte-Rotondo*, on pénètre bientôt dans les bois sauvages de *Vico*. Ce village, situé à huit lieues d'Ajaccio, et accoudé, pour ainsi dire, à la grande chaîne de montagnes qui partagent la Corse du nord au midi, n'a rien de remarquable, si ce n'est l'aspect sauvage des arbres séculaires qui l'entourent de toutes parts, et un magnifique couvent bâti autrefois par les religieux de saint François, et qui sert maintenant de maison de campagne à l'évêque et à son grand séminaire. C'est là aussi que viennent se reposer, après de longs travaux, les hommes apostoliques que le saint prélat lance à travers les hameaux de ses montagnes, pour faire naître partout la foi et les vertus.

De Vico jusqu'à Ajaccio, les chemins sont affreux et peu sûrs, à cause des nombreux bandits que recèlent souvent les bois d'alentour et les cavernes des montagnes. D'ailleurs, on ne trouve près de la route que quelques cabanes isolées, perchées, comme des nids d'aigle, à la pointe de rochers d'un assez difficile accès.

On va chercher du côté de la mer des paysages moins sombres et des tableaux plus riants, et l'on rencontre, à trois lieues d'Ajaccio, le charmant village de Cargèse, dont les habitants, intéressante colonie grecque, ont fait comme un oasis au milieu du désert.

A six lieues au sud d'Ajaccio, se rencontre le village de Sainte-Lucie-de-Talano, fameux autrefois par les discordes sanglantes qui consumaient peu à peu la population, discordes si heureusement apaisées par l'évêque d'Ajaccio, comme nous le verrons dans la suite. Quelques maisons crénelées sont comme le triste mémorial de ces monstrueuses fureurs, qui firent si longtemps de Sainte-Lucie comme un champ de bataille.

Après avoir franchi la petite rivière du Tavaro, et longé le golfe de Valinco, on pénètre sur le territoire de Sartène, dont les bois épais sont comme le boulevard des bandits. Le chef-lieu de ce vaste canton renferme environ 4000 habitants. Leurs immenses propriétés ne demandent que des mains habiles et laborieuses pour renouveler les merveilles que nous avons décrites sur la Balagne et le Nebbio. Mais la plupart de ces terres fertiles sont abandonnées sans culture aux ronces et aux makis.

Bonifacio obtient le troisième rang parmi les villes de la Corse. Assise sur une haute roche de falaise penchée sur la mer, vers le détroit qui porte son nom, vis-à-vis des côtes de la Sardaigne, cette petite cité ressemble à une reine sur son trône; mais, hélas! ce trône est sapé chaque jour par les vagues, et peut-être le moment n'est pas loin où l'on dira que Bonifacio a disparu dans les flots. De vastes et profondes cavernes, creusées par la tempête, s'étendent jusque sous la place publique. Chaque jour elles s'enfoncent et s'élargissent, chaque jour les eaux du détroit arrachent quelques fragiles débris des étais de la cité. Aussi les maisons les plus proches de l'abîme sont abandonnées.

Quand la mer est tranquille, les cavernes

de Bonifacio méritent d'être visitées. Mais il faudra disputer le passage aux oiseaux nocturnes, qui trouvent, dans ces sombres retraites, un abri contre le jour. Il serait très-dangereux de pénétrer dans ce labyrinthe lorsque le vent fraîchit sur la mer : les vagues, resserrées par les écueils du détroit, s'engouffrent bientôt dans ces cavernes, et briseraient contre les voûtes les barques surprises sur leurs bords.

Non loin, et à l'est de Bonifacio, est Porto-Vecchio, ville remarquable autrefois et réduite aujourd'hui à 1000 habitants par l'insalubrité du site où elle est bâtie. De belles salines sont le seul objet qui la recommande à la curiosité du voyageur.

Parmi les cités dont la Corse était jadis si fière, et dont il ne reste plus que des ruines et un vague souvenir, *Mariana* mérite le premier rang. Elle était située à l'embouchure du Golo, au milieu d'un ravissant paysage : au midi, on voyait serpenter, à travers la plaine, la rivière couverte de barques ; au levant, s'étendait à perte de vue l'immense nappe d'eau de la Méditerranée, sillonnée en tout sens par des vaisseaux venus de tous les points de l'Europe ; au nord, de petits lacs avec leurs îlots ombragés ; au couchant, une plaine fertile et embaumée, qu'encadrait une chaîne de coteaux pittoresques, couronnés de hameaux, entourés de vignes, dont les pampres pendaient en festons à la cime des arbres.

Mariana renfermait, dit-on, 50,000 habitants avant le moyen âge. Ses ruines attestent encore son antique splendeur [1].

---

[1] On a découvert, il y a quelques années, un vaste souterrain sous les ruines de Mariana : des tonneaux pleins de vin, dont la lie, formant une couche épaisse, contenait encore, au défaut des planches vermoulues, un liquide délicieux, tels ont été les fruits de cette découverte.

Si l'on fouillait sous les débris de l'antique cité, peut-être quelques-unes des merveilles de Pompéïa et d'Her-

Le temps a aussi détruit, sur ces fertiles bords, la ville d'Alèria, à l'embouchure du Tavignano : les ruines d'une vieille tour sont tout ce qui nous reste de cette belle et opulente cité.

culanum se produiraient-elles de nouveau sous les regards ébahis des savants.
La ville de Mariana tire son nom du fameux rival de Sylla, à qui elle dut son existence.

APERÇU GÉNÉRAL SUR L'HISTOIRE DE LA CORSE.

Les premiers habitants de la Corse furent, dit-on, les Phocéens d'Asie, qui, peu de temps après, fondèrent la ville de Marseille. Ils lui firent présent de la vigne et de l'olivier. Vinrent ensuite les Liguriens, puis les Hispaniens, puis les Carthaginois, qui en furent chassés par les Romains deux siècles avant Jésus-Christ. Cette île rocailleuse mit aux mains, à cette époque, les deux plus grandes républiques du monde. Lors de l'invasion des barbares, les Goths s'emparèrent d'une partie de la contrée; mais plus tard, Narsès, successeur de Bélisaire, la reconquit sous l'empire de Justinien. De la domination des empereurs grecs, elle passa sous celle des Lombards : ils y fondèrent une espèce de gouvernement démocratique qui fut dissous par l'invasion des Sarrasins. Ceux-ci laissèrent des traces si durables de leur séjour dans cette île, que plusieurs monuments encore debout portent des noms qui rappellent le souvenir de leur odieuse domination. Au reste, ces barbares sectateurs de Mahomet ne furent jamais paisibles possesseurs d'une île dont les habitants unissaient déjà la constance et la valeur à l'amour de la religion de leurs pères. Il paraît même que les Sarrasins ne purent assujettir que la partie méridionale de la Corse, et qu'ils furent constamment troublés dans leur possession par leurs sujets révoltés. Vers la fin du huitième siècle, les habitants, aidés de Charlemagne, réussirent à chasser ces barbares. Implacables ennemis de ces terribles envahisseurs, les Corses ne laissèrent échapper dans la suite aucune occasion de leur faire expier l'asservissement de leur patrie. Nous les voyons encore, dans le onzième siècle, conduits par le cardinal Colona, repousser les fiers musulmans des îles Baléares, et mériter par leur courage que, dans le compte rendu de cette expédition par le prince de l'Église, celui-ci leur rendit le témoignage, qu'*ils avaient combattu comme des lions* [1].

Des barons romains de la maison de *Colona* furent, après l'expulsion des Sarrasins, gouverneurs de la Corse, sous l'autorité des souverains pontifes. Mais bientôt la féodalité, qui embrassait toute l'Europe, vint aussi partager l'île entre quelques seigneurs dont les querelles incessantes firent couler des flots de sang. Un tel ordre de choses ne pouvait longtemps subsister chez un peuple fier et ami de l'indépendance.

[1] *Corsici ut leones pugnaverant.*

Les Corses secouèrent le joug, détruisirent les châteaux de leurs maîtres, et se donnèrent aux Génois. Ceux-ci, pour affermir leur domination, se livrèrent à des rigueurs dont le souvenir ne s'effacera jamais.

Craignant surtout que la noblesse ne vînt à recouvrer sa puissance, ils arrachèrent à leur patrie les hommes les plus influents. Le mécontentement des nobles, que la république éloignait des dignités et des emplois; l'interdiction du commerce, l'orgueil et l'avarice des premiers magistrats, qui vendaient la justice, et autorisaient à prix d'argent l'assassinat et le brigandage; les extorsions des gouverneurs, uniquement occupés à s'enrichir; le poids des impôts, l'établissement des gabelles et la défense de faire du sel à l'étang de Diane, selon l'ancienne coutume des Corses : telles furent, dit M. Ragon, dans son *Histoire des temps modernes*, les causes principales de l'insurrection, et la nation indignée ne vit plus désormais, dans l'exercice du pouvoir de ses anciens maîtres, que l'oppression et la tyrannie !

Le peuple écrasé prend les armes, et redemande la liberté (1729). Dès lors commença cette longue et cruelle guerre, où quelques milliers de montagnards luttèrent avec un courage admirable et des efforts inouïs contre une puissante république et ses nombreux alliés. Ce fut des Pieve de Bozio et de Tavagna que partit le signal du soulèvement. Les femmes y lapident les collecteurs des tailles, qui, ne pouvant tirer de l'argent d'un peuple qui n'en avait point, voulaient enlever le mobilier et les ustensiles du ménage. Les exécutions militaires du gouverneur Pinelli mettent le comble au désespoir. Les feux, signaux de la guerre civile, sont allumés sur les montagnes ; le tocsin sonne ; les cornets des pâtres retentissent dans les vallées, et bientôt tout le pays est sous les armes. Un corps d'armée autrichien, envoyé au secours des Génois par l'empereur Charles VI, éprouve des défaites réitérées. Mais une nouvelle expédition, sous le prince de Wirtemberg, ébranle la résolution des Corses, et ils font leur soumission sous la garantie de l'empereur (1733).

De nouveaux griefs excitent bientôt une nouvelle révolte (1735). Les insurgés rompent tout pacte avec les Génois, et proclament leur indépendance. La Corse alors eut ses héros : *Sampiero d'Ornano* anéantit les troupes génoises dans tous les lieux où elles s'offrent à ses coups; chasse de toutes parts les oppresseurs de sa patrie; étrangle, à Marseille, sa femme Vanina, trop amie de Gênes[1], et vient, les mains teintes de son sang, offrir sa patrie au roi

---

[1] On n'a rien de bien précis sur les circonstances de la mort de Vanina d'Ornano. Cependant, la plupart des auteurs qui ont parlé de ce fait rapportent que Sampiero, apprenant que sa femme allait quitter Marseille pour se réfugier à Gênes, se rendit auprès d'elle, et lui annonça que l'honneur ne lui permettait pas de garder pour épouse

de France. On connaît la réponse de ce féroce guerrier, lorsque la reine lui témoigna toute l'horreur que son crime lui inspirait : — « Eh ! qu'importe aux Français la que-« relle de Sampiero avec sa femme, puis-« qu'il leur fait le précieux don de sa propre « patrie ! »

La France, luttant alors contre de nombreux ennemis, refusa l'offre de Sampiero, qui mourut peu de temps après, au siége d'une forteresse où il avait bloqué les Génois. Ce redoutable ennemi des tyrans de la Corse eût mérité une place distinguée dans l'histoire, si sa férocité n'eût terni l'éclat de sa valeur.

Ce fut à peu près vers la même époque que plusieurs familles grecques, fuyant la persécution et le cimeterre musulman, vinrent déployer leurs tentes près du village de Paonia.

l'amie des tyrans de son pays. Puis, ajoute-t-on, il se mit à ses genoux, lui demanda pardon du crime qu'il allait commettre sur elle, et, tirant son mouchoir, il l'étrangla de sa propre main.

Un fertile terrain leur fut d'abord cédé; mais bientôt l'humeur paisible de ces nouveaux colons convint peu à des montagnards exaspérés par la guerre, et prévenus contre les étrangers. Les habitants des hameaux voisins ne purent voir sans jalousie les succès de leurs hôtes dans la culture de leurs propriétés. On les chassa donc de Paonia; on les poursuivit de village en village jusqu'auprès du golfe d'Ajaccio, où ils bâtirent une chapelle qui existe encore aujourd'hui. Enfin, le comte de Marbœuf leur fit céder le territoire de Cargèse, que leurs descendants habitent encore, sous la conduite d'un prêtre de leur nation [1].

---

[1] Les paisibles habitants de Cargèse ont conservé jusqu'à ce jour leur langage et leurs mœurs, sans rien emprunter aux usages de leurs voisins. Habiles et laborieux cultivateurs, ils vivent tous dans cette modeste aisance où l'homme que l'ambition ne dévore pas sait trouver le bonheur de la vie. Le nom de *Stephanopoli*, que portent presque tous les habitants de ce village, semblerait indiquer qu'ils descendent d'une même famille, qui aurait frayé à Ipsilanti et à ses généreux compagnons la belle voie qui les a éloignés pour jamais de l'esclavage.

Cependant les Corses luttaient toujours avec une indicible constance contre leurs oppresseurs. Souvent abattus, ils se relevaient bientôt plus redoutables que jamais. Les gorges de leurs montagnes étaient devenues comme un magique foyer où ce peuple malheureux semblait renaître de ses cendres pour puiser une nouvelle énergie. Il allait cependant succomber dans cette lutte trop inégale, quand parut sur le rivage un aventurier allemand, nommé Théodore, baron de Newhoff. Au moyen de quelque argent, produit de ses spéculations commerciales, et par la promesse de secours plus abondants pour l'avenir, il se fit élire roi des Corses, et établit à Corte le siège de son modeste gouvernement.

Mais il eut bientôt à combattre la jalousie des nobles et à lutter contre Gênes, toujours acharnée sur sa proie. Les secours tant promis n'arrivaient point, et les nouveaux sujets de Théodore ébranlaient déjà, par des cris séditieux, son trône mal affermi. Il quitte alors ses petits Etats, disparaît pour quelque temps de la scène du monde, puis revient bientôt avec trois navires chargés de munitions. Son entrée à Ajaccio fut un véritable triomphe; mais, en Corse comme à Rome, le Capitole est près du rocher Tarpéien. Les provisions s'épuisèrent, et Théodore, abandonné de ses sujets, s'enfuit, et termina quelque temps après, par une mort obscure, une vie très-agitée.

Les Corses accablés durent alors se soumettre à leurs anciens maîtres; mais ils rongeaient le frein avec fureur, et près d'un demi-siècle s'écoula dans une série de révoltes et de soumissions, de massacres et de paix.

Alors surgit un héros dont les Corses se souviennent avec amour. Intrépide guerrier, administrateur aux vues larges et profondes, ami passionné de sa patrie, Paoli conçut le double projet de l'arracher à la domination de Gênes, et de l'enrichir des trésors de la civilisation[1].

Sa mission était difficile : les Corses, aigris par le malheur, ne profitaient des courts instants de leur repos que pour s'entre-déchirer par des haines sanglantes. D'ailleurs, toujours écrasés par des forces supérieures, ils n'opposaient plus à leurs oppresseurs que le râle de l'agonie. Paoli se lève, et la terre corse enfante sous ses pas de nouveaux défenseurs de la patrie. Tous ceux que l'amour de la liberté avait enfouis dans les antres des montagnes volent sous ses drapeaux, et bientôt Gênes la Superbe, soutenue par les Français, voit ses troupes battues, ses forts pris d'assaut, et l'île de

---

[1] Pascal Paoli avait parcouru, en Italie, avec les plus brillants succès, la carrière des études. Il montrait une prédilection presque exclusive pour les auteurs qui ont écrit la vie des grands hommes, tels que Plutarque, etc. Comme on lui demandait pourquoi il lisait sans cesse les œuvres de cet illustre biographe : « Ce n'est pas l'histoire elle-même que j'admire, disait-il, mais les héros dont elle raconte les hauts faits. »

Capraia occupée par ses ennemis [1]. Menacée jusque dans ses murs, elle nous céda enfin ses droits sur une contrée qu'elle ne pouvait plus asservir (15 mai 1768).

L'occupation de la Corse par les Français donnait un coup fatal à la puissance navale de l'Angleterre sur la Méditerranée, et facilitait leur commerce du Levant. L'offre de Gênes fut donc acceptée en 1768, et le comte de Marbœuf parut avec une armée sur les côtes d'Ajaccio, pour soumettre tout le pays.

Les Corses, convaincus qu'ils ne pourraient jamais par eux-mêmes se soustraire à la domination des peuples voisins, étaient bien résolus à se donner un maître; mais ils ne voulaient pas le recevoir de la main

---

[1] Capraia, petite île au nord-est de Bastia, servait d'asile aux Génois quand les Corses parvenaient à les repousser de leur rivage, et de point d'appui pour s'élancer de nouveau sur leur proie. La prise de Capraia sur ces terribles ennemis donnait donc un coup mortel à leur autorité sur la Corse.

de leurs ennemis. Les Français, venant pour recueillir un héritage de Gênes, ne durent donc rencontrer que des regards hostiles et des bras armés pour les combattre. Mais tout plia sous les armes françaises et le système conciliant et pacificateur du comte de Marbœuf. Le général Paoli, réduit à l'occupation de quelques petits forts sans importance, se trouvait hors d'état de prolonger la lutte, quand M. de Marbœuf, rappelé à Paris, fut remplacé par le marquis de Chauvelin. Celui-ci parut bientôt devant Bastia, à la tête de 15,000 hommes. Mais il eut l'imprudence de partager sa troupe en plusieurs pelotons, et de s'avancer ainsi à travers le pays. Paoli était homme à savoir profiter des fautes de son ennemi. Il fondit comme un aigle sur nos bataillons épars, et, au bout de trois semaines, le marquis de Chauvelin vit son armée anéantie. On se hâta de le rappeler, et M. de Vaux vint débarquer à Bastia, suivi de nouvelles troupes. Instruit par les échecs de son prédécesseur, il adopta un plan nouveau, qui força Paoli à livrer un combat général près de Ponte-Nuovo.

Les Corses montrèrent dans cette sanglante journée le courage et l'héroïsme que peuvent enfanter la fureur et le désespoir. Les femmes combattaient dans les rangs de leurs époux et de leurs pères : une de ces intrépides guerrières fit, dit-on, plusieurs prisonniers. On entassait les mourants et les morts pour s'en faire un rempart contre les ennemis.

Mais la discipline de nos soldats triompha de tous ces efforts : plus de 20,000 Corses restèrent sur la place, et Paoli, poursuivi de près, ne dut son salut qu'à la vitesse de son cheval [1].

Il se réfugia en Angleterre, royaume

---

[1] On montre encore le lieu où le coursier du général mit un torrent large et profond entre lui et ses vainqueurs.

auquel il avait voulu soumettre sa patrie.

Devenu ainsi paisible possesseur de la Corse, le gouvernement français s'empressa de fermer ses plaies qui saignaient depuis tant de siècles. Déjà des mesures sages et modérées avaient dissipé toutes les haines et calmé tous les partis. Il semblait que l'aurore de la civilisation avait enfin brillé sur la terre des bandits, quand tout à coup l'orage révolutionnaire, grondant dans le lointain, dirigea de son côté les regards de la cour. La Corse fut presque oubliée; mais elle eut peu à souffrir des malheurs qui pesèrent sur nous, et se ressentit à peine de l'attentat qui fit rouler dans la poussière une tête de roi. Ennemie des impulsions du dehors, esclave fidèle de cet esprit de nationalité qu'elle conservera longtemps, elle repoussa avec fermeté les partisans de la Terreur.

Une bande de Marseillais vint aborder à Bastia, pour révolutionner le pays, c'est-à-dire pour l'inonder de sang. A leur vue, le peuple se lève et les repousse vers les flots qui les avaient vomis. Plus malheureux encore à Ajaccio, où leur vie fut en péril, ils quittèrent ces bords que les idées religieuses protégeaient contre leur fureur, et tandis que chez nous les prêtres montaient par milliers sur les échafauds où l'impiété tenait ses assises, le clergé corse put se livrer assez tranquillement à l'exercice de ses fonctions.

Cependant, le général Paoli, profitant de l'abandon où son pays était livré, résolut de le soustraire au joug de la France, et de le donner aux Anglais. Il paraît sur les rives d'Ajaccio, et se livre à des manœuvres dont le succès sera brillant, mais momentané. Déjà il avait acquis quelques partisans à la nation britannique, quand eut lieu une entrevue sur laquelle les biographes de Napoléon n'auraient pas dû garder le silence, parce qu'elle peint admirablement son amour pour le peuple français, et la haine profonde qu'il nourrissait, dès ses premiers ans, contre nos voisins d'outre-mer.

Le jeune écolier du collége de Brienne, revêtu du modeste grade de sous-lieutenant, était venu puiser, dans le sein d'une famille chérie, l'oubli des sanglantes horreurs dont Paris était le théâtre. Dans l'affreuse journée du 10 août, à la vue du meilleur des rois devenu le jouet d'une populace abusée et furieuse, l'indignation avait saisi son jeune cœur; des paroles *suspectes* avaient contracté ses lèvres[1], et une disgrâce le suivait sur les rives d'Ajaccio. Le général Paoli, parrain du jeune officier, et qui peut-être avait déjà deviné son génie, crut le moment favorable pour l'attirer au parti des Anglais. Il le mande chez lui, lui découvre tous ses plans, le presse de renoncer à la

---

[1] Il était sur la place du Carrousel lorsque, au 10 août 1792, la populace des faubourgs assiégeait les Tuileries : « Qu'on me donne deux canons, s'écria-t-il alors, et je chasserai toute cette canaille ! »

France, qui se dévore dans ses propres fureurs, et de servir une nation dont la puissance commerciale peut faire le bonheur de sa patrie.

Le position du jeune Buonaparte était critique. Le ressentiment, fruit de sa disgrâce, le désespoir de faire fortune dans un pays dont les tyrans le repoussaient et où l'anarchie promenait le glaive dans tous les rangs de la société, l'indignation du vieux général, qui allait peser sur sa famille et sur lui s'il n'acquiesçait à ses désirs, tout luttait dans son cœur contre son amour pour la France. Cependant, le jeune Napoléon ne balança pas. Sa haine contre les Anglais se réveilla plus énergique. « Non, jamais,
« s'écria-t-il, je ne me vendrai à ce peuple
« marchand ; jamais je ne trahirai les in-
« térêts de ma patrie. »

Tous les efforts de Paoli furent superflus : lançant alors sur Napoléon un regard terrible, il le repoussa violemment de chez lui. Le jeune officier, redoutant l'indignation du général, se réfugia sur une des Iles sanguinaires, et vécut ainsi plusieurs jours nourri par des bergers, qui tous les matins lui apportaient sur des barques le lait de leurs brebis. Il rejoignit enfin sa famille, cachée sur les côtes de Bonifacio, et qui vint, après quelque temps de périls et d'alarmes, oublier à Marseille sa détresse et ses disgrâces dans les douceurs de l'amitié et de la paix.

Paoli, délivré de l'influence des Buonaparte, dont le zèle assez puissant eût peut-être déjoué ses projets, soumit sa patrie aux Anglais. Mais ceux-ci furent chassés, lors de l'invasion de l'Italie, par les armées de la République.

L'état de la Corse ne fut guère amélioré sous le régime impérial. Napoléon combla de grâces et de faveurs quelques familles privilégiées; mais le corps de la nation ne fut jamais l'objet de sa munificence.

L'île rocailleuse qui l'avait vu naître ne parut à ses yeux qu'un atome imperceptible sur un des coins de sa vaste domination, et lorsque cet aigle eut pris son essor vers les régions supérieures, il ne daigna pas même jeter un regard sur l'aire qui lui avait donné le jour. Aussi les Corses, qui l'admirent, fiers de sa gloire et de son génie, gardent leurs affections pour un autre : ils payent à Napoléon le tribut de leurs louanges, mais ils réservent à Paoli le tribut de leur amour. Plus généreux, en effet, pour ses compatriotes, Paoli, mort en Angleterre en 1825, a légué à sa patrie un héritage qui lui fait honneur : il a fondé à ses frais, à Corte et à Rustino, deux maisons où plus de quatre cent cinquante jeunes gens reçoivent le bienfait d'une brillante éducation.

La Restauration s'occupa d'une manière très-active à bonifier l'état moral d'une île dont les habitants, unis comme des frères lorsqu'il s'agissait de défendre leur liberté, ne profitaient de leur repos que pour s'entre-déchirer dans des querelles sanglantes. Pour étouffer le germe du mal, on résolut de purger la Corse de tous ses bandits. Chargé de cette périlleuse mission, le général Morand la remplit avec une extrême vigueur. Il punit, dit-on, du dernier supplice près de quatre cents criminels, dans l'espace de deux ans. Comme il connaissait la funeste connivence qui existe presque toujours entre les bandits et leurs familles, il rendait celles-ci responsables de leurs méfaits, et leur en faisait subir la peine. Un officier, intime ami du général, ayant rendu la liberté à un bandit qu'il tenait en son pouvoir, fut jugé par un conseil de guerre, et fusillé le même jour. Quoi qu'il en soit de tous ces faits, dont je ne garantis pas la vérité, n'ayant pu consulter à cet égard que les ennemis du sévère général, il est certain que ces mesures rigoureuses opérèrent les plus heureux résultats. Tous les bandits qui purent échapper à ses poursuites cherchèrent un abri contre ses coups dans l'île de Sardaigne ou en Italie, et la Corse put jouir quelque temps d'une entière sécurité.

Sous le règne de Charles X, les lois de notre Code pénal contre l'homicide furent appliquées dans toute leur rigueur. Plusieurs bandits périrent sur l'échafaud; six d'entre eux furent exécutés le même jour, en 1827, sur la place d'Ajaccio, et les autres, effrayés, se réfugièrent de nouveau dans les contrées voisines.

La révolution de 1830 dota la Corse d'un fléau. On y institua le jury, dont les membres, intimidés par les menaces des familles intéressées à la cause des bandits, prononcent souvent un verdict de non-culpabilité en face des plus grands crimes, ou n'invoquent sur les coupables que les peines de la prison[1]. Aussi, les criminels que la

---

[1] Un fait récent va prouver quels fâcheux résultats

terreur avait chassés de leur patrie, y rentrèrent en foule; les querelles, en se multipliant, donnèrent lieu à de nouveaux massacres, et les hommes en *vendetta* peuplèrent de nouveau les makis et les bois. En vain créa-t-on, pour les réduire, une compagnie de voltigeurs corses : les bandits, tout

amènent en Corse les procédures usitées en France contre les criminels.

Quelques bandits avaient, de concert, commis un meurtre. L'un d'eux fut pris : des témoins déposèrent contre lui et il fut condamné. Quelque temps après, l'un de ces témoins traversait la forêt de Vico, accompagné du percepteur d'un village voisin. Tout à coup, un bandit sort du bois : « Me reconnais-tu ? » dit-il d'une voix terrible à celui qui avait fait condamner son complice. Sur la réponse négative de celui-ci : « Eh bien ! reprit-il, « tu vas me connaître. Je suis le compagnon de ce ban« dit que ton lâche témoignage a plongé dans les fers. « Puisque tu as servi de bourreau à celui que tu devais « protéger et défendre, reçois le prix de ton forfait, « afin qu'on sache bien qu'un Corse traître est indigne « de la vie. » A ces mots, il l'étend mort à ses pieds. Puis, se tournant vers le percepteur : « Ne craignez rien, « lui dit-il, le bandit corse sait venger l'honneur du « pays sur les lâches qui le flétrissent, mais jamais les « hommes de cœur n'auront à redouter ses coups. » Ensuite, il met la main sur le cœur de sa victime, pour s'assurer qu'il ne recélait plus une étincelle de vie, puis s'enfonce paisiblement dans la forêt.

fiers d'affronter une mort glorieuse à leurs yeux, et préférant le plaisir de faire payer chèrement leur vie, à la honte de tomber entre les mains de la justice, se battaient en désespérés. Les gendarmes français, ignorant les accidents des lieux, les défilés des montagnes et les ruses des bandits pour se cacher, tombaient presque tous dans des embuscades, et plusieurs y laissaient la vie. D'ailleurs, obligés par leur consigne à faire trois sommations avant que d'en venir aux voies de fait, ils avaient à essuyer les premiers coups de feu de leurs terribles adversaires. On omit bientôt ces funestes précautions, et les misérables proscrits furent traqués à travers les bois, et poursuivis à coups de fusil comme des bêtes fauves, à la honte de nos mœurs et de la civilisation. Si l'on invoque la nécessité pour excuser de pareilles manœuvres, on doit plaindre le gouvernement qui n'a pas de moyens plus moraux pour paralyser la fureur de deux ou trois cents bandits, et maintenir la paix dans un des coins de sa vaste domination.

Mais quand la société est dévorée par un mal contre lequel les lois humaines sont impuissantes, la religion est toujours là pour le guérir. Dieu s'est enfin souvenu de la Corse, et, pour y asseoir sur des bases solides le bonheur et la paix, il a suscité un homme qui, par sa seule vertu et l'influence religieuse attachée à sa dignité, a plus fait, en quelques années, pour le bien de son pays, que cinq gouvernements dans l'espace d'un siècle.

Nous verrons bientôt le succès prodigieux de Mgr Raphaël Casanelli d'Istria, évêque d'Ajaccio, dans le grand œuvre de la régénération de sa patrie.

ÉTAT DE LA RELIGION DANS LA CORSE,

depuis son établissement dans cette île jusqu'à nos jours.

D'après une tradition respectable, le christianisme fut implanté dans la Corse par l'apôtre saint Paul. De nombreux monuments attestent qu'il florissait dans tout le pays dès le second siècle. Sans doute, ces rudes montagnards, aux mœurs non encore souillées par l'impur contact de Rome, et qui luttaient depuis si longtemps contre l'esclavage, durent recevoir avec amour la bonne nouvelle qui leur assurait la sainte liberté des enfants de Dieu. Aussi la Corse, durant les trois premiers siècles de l'Église, paya, comme les autres provinces romaines, le magnifique tribut de ses nombreux martyrs à la gloire de Jésus-Christ. Plus tard, l'arianisme passa sur cette île avec un glaive exterminateur; il laissa partout des traces de mort, immola des milliers de victimes; mais la tradition ne nous a pas transmis le nom d'un seul apostat. En vain le fier musulman vint-il à son tour pour lui arracher sa foi à la pointe de son cimeterre: la Corse alors, comme aujourd'hui la fidèle Irlande, sut émousser par sa constance le glaive de ses oppresseurs, et depuis elle a conservé le précieux dépôt à travers les révolutions et les siècles.

Il y avait autrefois six évêchés dans la contrée : ceux d'Aléria, de Mariana, du Nebbio, d'Accia, de Sagone et d'Ajaccio. Ces différents siéges furent constamment occupés par des hommes pleins de talents et de vertus, et ornés, pour la plupart, de la pourpre romaine. On distingue parmi ces illustres pontifes : Alexandre *Sauli*, un des hommes les plus savants de son époque; Jean-André, auteur de lettres très-remarquables sur Tite-Live; Augustin-Justinien, évêque du Nebbio, très-versé dans les langues latine, grecque, hébraïque, chaldaïque et arabe. On lui doit un excellent Code latin, une histoire de la Corse, et plusieurs autres écrits.

Tels furent les grands évêques, et bien d'autres encore, qui entretinrent dans leur patrie le feu sacré du christianisme. Il paraît cependant que, sous la domination des Génois, aux seizième et dix-septième siècles, la lumière évangélique faillit s'éteindre sous un déluge de crimes, et le désordre moral le plus affreux régna longtemps sur cette île infortunée. Les principaux magistrats, comprenant enfin les besoins spirituels de la Corse, demandèrent, en l'année 1652, quelques prêtres à saint Vincent de Paul, pour y aller faire des missions. Le saint leur en envoya sept, qui furent partagés en divers lieux de l'île, assistés de quatre autres ecclésiastiques, et de quatre religieux que le cardinal Durazzo, archevêque de Gênes, leur donna pour les aider.

La première mission se fit à Campo-Lauro, résidence habituelle de l'évêque d'Aléria. Ce diocèse était livré à de cruelles dissensions qui causaient beaucoup de désordre dans tout le pays.

La seconde mission se fit à l'île Cotone, la troisième à Corte, et la quatrième dans le Niolo. L'auteur de la Vie de saint Vincent de Paul nous a transmis les détails les plus affligeants sur l'état moral de la Corse au dix-septième siècle. Nous en extrairons quelques passages, qui forment un tableau complet des mœurs de ces insulaires, faciles à plonger dans tous les excès, mais prompts à se relever par un amendement généreux, quand la religion les appelle.

« Outre l'ignorance, qui est très-grande parmi le peuple, dit Abelly, les vices les plus ordinaires qui règnent dans le pays sont l'impiété, le concubinage, le larcin, le faux témoignage, et, sur tous les autres, la vengeance, qui est le désordre le plus général et le plus fréquent; d'où il arrive qu'ils s'entretuent les uns les autres comme des barbares, et ne veulent point pardonner, ni entendre parler d'aucun accommodement, jusqu'à ce qu'ils se soient vengés. Et non-seulement ils s'en prennent à celui qui leur a fait injure, mais aussi, pour l'ordinaire, à tous ses parents, jusqu'au troisième degré inclusivement. De sorte que si quelqu'un en a offensé un autre, il faut que tous ses parents se tiennent sur leurs gardes; car le premier qui sera rencontré, quoique innocent, et peut-être ne sachant rien du mal qui aura été fait, sera néanmoins traité comme s'il en avait été complice. De là vient que les habitants de cette île portent tous les armes, et se piquent tellement d'honneur, que, pour la moindre parole qui les offense, ils se massacrent avec une indicible fureur ; ce qui est cause que ce royaume de Corse, qui est un bon pays, et bien fertile, n'est pas néanmoins beaucoup habité. »

Nous ajouterons ici une lettre du supérieur de la mission qui se fit dans les bourgs, dont nous avons déjà parlé. Elle achèvera de dépeindre la misère morale de ce pauvre peuple dans ce siècle malheureux.

« Niolo, dit le pieux et naïf missionnaire, est une vallée d'environ trois lieues de long, et une demi-lieue de large, entourée de montagnes dont les accès et les chemins pour y aborder sont les plus difficiles que j'aie jamais vus, soit dans les monts Pyrénées, ou dans la Savoie : ce qui fait que ce lieu-là est comme un refuge de tous les bandits et mauvais garnements de l'île, qui, ayant cette retraite, exercent impunément leurs brigandages et leurs meurtres, sans crainte des officiers de la justice. Il y a dans cette vallée plusieurs petits villages, et dans toute son enceinte, environ 2000 habitants. Je n'ai jamais trouvé de gens, et je ne sais s'il y en a dans toute la chrétienté, qui fussent plus abandonnés que ceux-là. Nous n'y trouvâmes presque point d'autres vestiges de la foi, sinon qu'ils disaient avoir été baptisés... Le vice y passait pour vertu, et la vengeance y avait un tel cours, que les enfants n'apprenaient pas plutôt à marcher et à parler, qu'on leur montrait à se venger quand on leur faisait la moindre offense; et il ne servait de rien de leur prêcher le contraire, parce que l'exemple de leurs ancêtres et les mauvais conseils de leurs propres parents touchant ce vice, avaient jeté de si profondes racines dans leur esprit, qu'ils n'étaient pas capables de recevoir aucune persuasion contraire. Avec tout cela, il y avait quantité de vices qui régnaient parmi ces pauvres gens. Ils étaient fort enclins à dérober ; ils se persécutaient et molestaient les uns les autres comme des barbares ; et, lorsqu'ils avaient quelque ennemi, ils ne faisaient aucune difficulté de lui imposer faussement quelque grand crime dont ils l'accusaient en justice, et produisaient autant de faux témoins qu'ils en voulaient. D'autre part, ceux qui étaient accusés, soit qu'ils fussent coupables ou non, trouvaient des personnes qui disaient et soutenaient en justice tout ce qu'ils voulaient pour leur justification : d'où provenait que la justice ne se rendait point, et qu'ils se la faisaient eux-mêmes, s'entretuant facilement les uns les autres en toutes sortes d'occasions. »

Un peuple livré à de pareils désordres ne semble-t-il pas condamné à périr pour jamais? Et cependant trois semaines suffirent pour changer tant de malfaiteurs en des chrétiens qui poussèrent jusqu'à l'héroïsme les vertus les plus opposées à leur caractère et aux préjugés de leur éducation. Écoutons encore le pieux missionnaire :

« Le plus fort de notre travail fut notre emploi pour les réconciliations; et je puis dire que *hoc opus, hic labor*, parce que la plus grande partie de ce peuple vivait dans l'inimitié. Nous fûmes quinze jours sans y pouvoir rien gagner, sinon qu'un jeune homme pardonna à un autre qui lui avait donné un coup de pistolet dans la tête. Tous les autres demeuraient inflexibles dans leurs mauvaises dispositions; ce qui n'empêcha pas pourtant que le concours du peuple ne fût toujours fort grand aux prédications qui se faisaient tous les jours, matin et soir.

« Tous les hommes venaient armés à la prédication, l'épée au côté et le fusil sur l'épaule, qui est leur équipage ordinaire. Mais les bandits et autres criminels, outre ces armes, avaient encore deux pistolets et deux ou trois dagues à leur ceinture : et tous ces gens-là étaient tellement préoccupés de haines et de désirs de vengeance, que tout ce qu'on pouvait dire pour les guérir de cette étrange passion ne faisait aucune impression sur leur esprit... Dieu alors m'inspira de prendre en main le crucifix, et de les convier, de la part de Notre-Seigneur qui leur tendait les bras, au pardon mutuel de leurs offenses. A ces paroles, ils commencèrent à s'entreregarder les uns les autres, mais comme je vis que personne ne venait, je fis semblant de vouloir me retirer, et je cachais le crucifix, me plaignant de la dureté de leurs cœurs, et leur disant qu'ils ne méritaient pas la grâce que Dieu leur offrait. Alors un religieux de saint François, s'étant levé, commença de crier : « O Niolo ! ô Niolo ! tu veux donc être maudit de Dieu ! tu ne veux pas recevoir la grâce qu'il t'envoie par le moyen de ces missionnaires, qui sont venus de si loin pour ton salut! » Pendant que ce bon religieux proférait ces paroles, voilà qu'un homme de qui le neveu avait été tué, et le meurtrier était présent à cette prédication, vient se prosterner en terre et demande à baiser le crucifix, et en même temps dit à haute voix : « Qu'un tel s'approche (c'était le meurtrier de son neveu) et que je l'embrasse. » Alors un autre fit de même à l'égard de quelques-uns de ses ennemis qui étaient présents, et ces deux furent suivis d'une multitude d'autres : de façon que, pendant l'espace d'une heure et demie, on ne vit autre chose que réconciliations et embrassements; et, pour une plus grande sûreté, les choses les plus importantes se mettaient par écrit, et le notaire en faisait un acte public. » Le lendemain, il se fit une réconciliation générale : l'un pardonna la mort de son frère; l'autre, de son père, de son enfant, de son mari, de son parent, etc.; les autres pardonnaient les fausses accusations

7

et les faux témoignages qu'on avait portés contre eux en justice, remettant même toutes les réparations d'honneur et d'intérêts, quoique fort considérables, et embrassant cordialement ceux qui avaient voulu leur faire perdre ou la vie ou l'honneur. »

Ce fut sans doute un spectacle bien consolant pour ces pieux missionnaires, de voir des pères et des mères qui, pour l'amour de Dieu, pardonnaient la mort de leurs enfants; les femmes, de leur mari; les enfants, de leur père; les frères et les parents, de leurs plus proches; et de voir enfin tant de personnes s'embrasser et pleurer sur leurs ennemis.

Tels furent les fruits de ces missions dans toutes les parties de l'île; et depuis, la parole divine a toujours trouvé un écho chez ce peuple si fidèle à sa foi.

Reprenons notre récit. Les évêchés d'Aléria, de Mariana, d'Accia, du Nebbio et de Sagone, existèrent jusqu'en l'an née 1734. Depuis cette époque jusqu'en 1768, les Gé—

nois et les Corses se firent, comme nous l'avons dit, une guerre d'extermination. Trois évêchés se trouvèrent vacants dans cet intervalle. Le souverain pontife, connaissant la haine profonde des Corses pour leurs oppresseurs, refusa leurs bulles aux nouveaux titulaires que ceux-ci avaient nommés. Enfin, le concordat fait en 1802, entre le pape Pie VII et Napoléon, réduisit tous ces évêchés en un seul, celui d'Ajaccio.

M. Sébastiani fut alors chargé de l'administration spirituelle de toute la Corse. Ce prélat, vrai modèle de piété et de douceur, n'eut pas cette sévère énergie qu'exigeaient les circonstances. Il crut, avec raison, que la religion, enfin mieux comprise, amènerait la régénération de son diocèse; mais si l'on découvrit le moyen, on se trompa sur le mode. Le saint évêque d'Ajaccio ouvrit les portes du sanctuaire à un trop grand nombre de jeunes clercs. Ceux-ci apportèrent aux saints ordres l'esprit de piété, de zèle et de foi, mais non cette science sacerdotale qui, depuis dix-huit siècles, verse sur l'univers la lumière du salut et de la civilisation. La Corse était privée de ces pieux asiles, où les jeunes gens appelés d'en haut se disposent, par les études et la retraite, à la plus sainte des missions. Cependant, un grand nombre de prêtres avaient suivi à Rome les magnifiques cours des études sacrées : leurs vertus et leurs talents entretinrent au moins le désir du savoir dans le cœur de tous, et préparèrent les esprits à l'heureuse révolution qui devait s'opérer plus tard.

Raconter les principaux événements qui ont rempli les jours de Mgr Raphaël Casanelli d'Istria, aujourd'hui évêque d'Ajaccio, c'est montrer à tous les regards l'instrument dont Dieu s'est servi pour la régénération de la Corse. La modestie de ce pieux prélat s'alarmera peut-être de ces éloges, qui ne sont, après tout, que le fidèle écho des sentiments de tous ceux qui l'ont connu ; mais, dans un siècle où les vertus sont rares, il est bon de produire au grand jour la puissance de la charité et de la foi dans un cœur pur et généreux.

Mgr Raphaël Casanelli d'Istria naquit, il y a environ quarante ans, à Vico, petite ville à 30 kilomètres d'Ajaccio. Ses parents purent offrir à ses premiers regards, non le luxe de la grandeur et les biens de la terre qu'ils ne possédaient pas, mais des exemples éclatants de probité, d'honneur et de vertu.

Très-jeune encore, il fut envoyé à Aix pour y faire ses études, et quand il eut achevé les cours ordinaires de la théologie, il revint à Ajaccio et reçut la prêtrise. Celui qui devait bientôt régénérer sa patrie ne portait son ambition que sur un modeste vicariat, qui lui fut refusé. M. *Ciavatti*, alors vicaire général de la Corse, ne comprit pas qu'un corps frêle et délicat pouvait contenir une âme grande et énergique. Il ne comprit pas la vertu de ce jeune homme, auquel il disait : « Je ne puis vous nommer vicaire; vous avez l'air trop jeune pour remplir convenablement le ministère divin. »

Rebuté dans sa patrie, M. Casanelli part pour Rome, se livre aux études avec une nouvelle ardeur, et reçoit bientôt le titre de docteur en théologie.

C'était alors en 1831, et les cardinaux réunis songeaient à donner au pape Pie VIII un digne successeur. Le cardinal d'Isoard, archevêque d'Auch, distingua bientôt M. Casanelli parmi les ecclésiastiques de Rome; il se l'attacha en qualité de secrétaire, et le fit entrer au conclave avec lui. On assure que, sous l'impulsion de son illustre protecteur, le jeune conclaviste contribua beaucoup, par son activité, à l'élection de l'immortel Grégoire XVI. Quoi qu'il en soit, peu de temps après l'intronisation du nouveau pontife, M. Casanelli fut nommé prélat, et protonotaire apostolique.

Cependant, le cardinal d'Isoard, plein

d'estime pour les vertus et les talents de son jeune protégé, voulut l'associer au gouvernement de son église. Il partageait ainsi les travaux du vénérable archevêque d'Auch, lorsqu'il fut appelé à remplir le siége d'Ajaccio, laissé vacant par la mort de M. Sébastiani.

Il entra comme évêque dans la capitale de la Corse quatre ans après l'époque où le pauvre vicariat de Saint-Roch lui avait été refusé, et, par un incident remarquable, il trouva dans son palais épiscopal ce même vicaire général, M. Ciavatti, qui l'avait, quatre années auparavant, si dédaigneusement éconduit.

Leur première entrevue donna lieu au saint prélat de manifester la grandeur de son âme. M. Ciavatti l'avait reçu avec cette froideur qui naît souvent de l'embarras. Mais M. Casanelli lui tendit la main avec cette gracieuse douceur qui fait le fond de son caractère. « Je préfère, lui dit-il, la loi

« de l'Evangile aux préjugés de mon pays:
« oublier mes anciennes disgrâces et par-
« donner à leur auteur, tel sera toujours le
« plus doux de mes devoirs. »

C'est alors qu'apparut dans tout son éclat le génie réparateur du nouveau pontife. Faire de la Corse un pays tout *français*, comme il le disait lui-même; accabler les féroces bandits sous les coups de l'indignation et de la malveillance publiques; appeler les lumières au sein de son clergé, pour éclairer et civiliser par lui son vaste diocèse, tels furent les premiers élans de son cœur.

Il choisit d'abord, pour l'aider dans son œuvre, trois prêtres de ceux que Dieu suscite quelquefois pour opérer sans éclat les plus grandes choses : M. Pino, orateur distingué, ancien curé à Bastia, intime ami du cardinal Pacca, et qui eut l'honneur de porter les fers pour la cause du pontife Pie VII et de l'Eglise; M. Guibert, aujourd'hui évêque de Viviers, et M. Sarreybérousse.

Alors, sans autres ressources que celles qu'il attendait de Dieu, il jeta les fondements de deux séminaires. Les obstacles qui surgirent de prime abord furent si grands et si nombreux, que les membres les plus zélés du conseil épiscopal perdirent l'espoir de réussir. Il fallait louer deux vastes bâtiments; vaincre le mauvais vouloir, et paralyser les démarches hostiles de quelques hommes puissants dans le pays; attirer sous le joug d'une étroite discipline une jeunesse ombrageuse et trop amie de la liberté, et résister aux fatales clameurs de cette classe d'individus qui, dans tous les pays, craignent toujours que le progrès de la civilisation et des lumières ne laisse trop à découvert leur profonde nullité.

Rien ne put arrêter le courageux prélat : « Mes projets, disait-il à ses amis, n'ont pour but que la gloire de Dieu et le bonheur de mon troupeau. Soyez-en sûrs, messieurs, le Seigneur bénira notre œuvre; des secours abondants découleront de sa main libérale; il changera les cœurs des ennemis du bien. »

Une vaste maison fut louée, et une lettre circulaire ordonnait aux jeunes clercs de quitter leurs foyers et de venir se former au ministère divin par le silence de la retraite et les études de la théologie. Aucun ne répondit à cet appel… Un second monitoire ne produisit pas plus d'effet que le premier. Alors Mgr Casanelli fulmina une troisième ordonnance où il annonçait le dessein de remplir par des prêtres français les postes ecclésiastiques qui viendraient à vaquer. Cette menace sema la terreur parmi ces jeunes obstinés, et peu de jours après cent quarante clercs étaient réunis sous la conduite de M. Guibert, aidé de six prêtres de Marseille.

Cependant, le gouvernement, malgré les plus odieuses trames, et fermant l'oreille à de lâches clameurs, écouta la voix du saint évêque. L'ancien hôtel de la préfecture lui fut cédé ; des fonds considérables furent alloués, et un petit séminaire, dirigé par des ecclésiastiques du Dauphiné, s'ouvrit au zèle et à l'ardeur de cent trente jeunes gens des familles les plus distinguées de l'île[1].

M. Casanelli d'Istria est un de ces hommes qui, ne s'arrêtant jamais à un premier succès, comptent pour rien ce qu'ils ont fait tant qu'il leur reste un bien à opérer, un abus à corriger, une passion à détruire. Grâce aux efforts du saint prélat, la Corse pouvait espérer de voir bientôt ses enfants vrais chrétiens par leurs mœurs, comme ils l'étaient depuis dix-huit siècles par l'intégrité de leur foi. Mais il fallait adoucir, par

---

[1] Les Colona, les Buttafuoco, les Gentile, les Cesari, les Gavini, la plupart des premiers magistrats de l'île, et les familles les plus influentes par leur nom et leurs richesses, se hâtèrent d'envoyer leurs enfants dans ce pieux asile de la science et de la vertu. Au bout d'une année, cet établissement pouvait défier le collége d'Ajaccio pour la force des classes, et lui offrir un modèle à suivre pour la discipline et la régularité des élèves.

la politesse et l'urbanité française, le caractère un peu sauvage des habitants de l'intérieur. Pour obtenir cet heureux résultat, le zélé pontife fit venir de la mère patrie, et distribuer dans les communes les plus considérables de l'île, des frères de la doctrine chrétienne, pour diriger l'éducation des enfants. Là, comme ailleurs, ces bons religieux ont mis l'instruction en honneur, et fait germer les plus précieuses vertus dans le cœur de leurs élèves[1]. Restait encore un barbare préjugé, enraciné de temps immémorial jusqu'au sein du dernier des hameaux. Trois ou quatre cents bandits promenaient la violence et la mort dans tous les coins de l'île. Chaque jour les haines et les

---

[1] Après l'instruction religieuse, un des plus grands biens que ces pieux instituteurs aient apportés à la Corse, c'est la langue française, entièrement ignorée dans la plupart des villages de l'intérieur.

Les sœurs de la Providence, établies aussi sur divers points de l'île, prodiguent les mêmes soins aux jeunes filles de ces sauvages hameaux.

discordes se fomentaient au sein des populations. Le vieillard mourant léguait à son fils le soin de le venger d'une injure essuyée dans sa jeunesse ; l'arrière-petit-fils lavait dans des flots de sang un affront souvent imaginaire, essuyé dans un autre siècle par un de ses aïeux. Chaque jour, les habitants des villages, en proie à la fureur des partis et des factions, se massacraient avec une brutalité qui n'a de nom que chez les hordes sauvages. On ne voyait partout que des masures crénelées comme des châteaux forts; des portes, des fenêtres brisées, des retranchements en bois, et tous les accessoires d'une ville en état de siège.

Deux familles influentes et ennemies avaient souvent assez de pouvoir pour éterniser ces discordes sanglantes. Ceux qui voulaient chercher la paix dans une sage neutralité se trouvaient exposés à la fureur des partis, presque sans défense. On ne pouvait sortir sans affronter les coups d'un ennemi ; chaque jour voyait augmenter le nombre des victimes, et au sein de ces tristes hameaux, planaient de toute part la haine, la terreur, la vengeance et la mort. Tel était le poids des maux qui pesaient sur la Corse. Mgr Casanelli résolut de guérir cette vaste et antique plaie qui rongeait au cœur sa chère patrie. On le vit alors, bravant la fatigue et les dangers, parcourir les villages et calmer par sa douceur les haines les plus invétérées. A peine touchait-il à ces tristes lieux où la *vendetta* promenait ses fureurs, la cloche du village appelait au temple saint tous les habitants. Le désir de voir le jeune pontife, une secrète impulsion de cette antique foi qui ne faillit jamais dans le cœur du Corse, faisait trêve aux dissensions. Amis et ennemis, tous volaient à l'appel du ministre de Dieu. Alors le prélat, invoquant sur ce peuple égaré les douceurs de la paix, et menaçant des vengeances éternelles ceux qui refuseraient de pardonner, entraînait les uns par le charme de sa voix, et les plus obstinés par la sainte austérité de ses paroles. L'esprit de haine s'évanouissait pour faire place aux effusions de l'amitié et aux joies de la concorde : tous juraient de maintenir le règne heureux de la paix et de l'union, et le pontife consolé bénissait ces pieux serments, source de bonheur et de sécurité. Tels ont été les travaux de l'évêque d'Ajaccio dès le début de sa carrière apostolique. Nous l'avons vu souvent, ce pieux prélat, tout brillant de vertus, de grâce et de jeunesse, poursuivre à travers les rochers et les makis les brebis égarées de son bien-aimé troupeau. Alors s'offrait à notre esprit le souvenir délicieux de ce chant d'un prophète : « Qu'ils sont beaux, sur les montagnes, les pieds de celui qui annonce la paix ! »

Dieu a béni ses généreux efforts : la Corse marche avec énergie dans la voie du progrès et de la civilisation que son évêque lui a frayée. La douceur de son climat, le charme ravissant de ses fertiles vallées, la beauté pittoresque de ses bois et de ses montagnes, et la politesse mise en honneur parmi ses habitants, attireront bientôt de nombreux voyageurs, qui prodiguent leur or et leur loisir à des contrées moins dignes de leur exploration.

MŒURS ET USAGES DES PEUPLES DE LA CORSE.

Bandits. — Anecdotes.

Les Corses sont en général des hommes d'une taille moyenne. Maigres et musculeux, ils n'offrent presque aucun exemple de cette obésité si commune chez les Anglais. Ils ont le teint hâlé, les yeux grands et noirs, recouverts d'épais sourcils, le regard fier et assuré, ce qui, ajouté à une certaine contraction des traits de leur visage, leur donne habituellement un air sombre et courroucé. Les vêtements des paysans de l'intérieur sont tout à fait en harmonie avec le sauvage aspect de leurs bois et l'âpreté de leurs montagnes. Des peaux de chèvre mal préparées en font presque tous les frais. Ils ajoutent en hiver le *pelone*, espèce de manteau à long poil, surmonté d'un énorme capuchon. Ce bizarre costume rappelle assez bien celui de Crusoé dans son île.

L'habillement des femmes est très-varié, suivant leur condition. Celles de la classe pauvre n'ont pour coiffure qu'un jupon dont les bords sont relevés sur la tête. D'autres portent un grand manteau d'étoffe légère, dominé, comme le *pelone*, par un vaste capuchon. Pour celles qui appartiennent à une classe plus aisée, un grand voile blanc se détache de leurs cheveux, et tombe ondoyant sur le côté. Les dames de la haute bourgeoisie ont adopté les modes françaises, en conservant le manteau turc, espèce de surtout qui descend en larges plis sur les hanches, et donne à la démarche un air de grandeur et de dignité.

Un auteur l'a dit avec vérité : Le Corse, dans son état normal, est religieux jusqu'à la superstition ; troublé par la fureur, il devient impie jusqu'à l'athéisme ; les choses les plus sacrées ne sont plus rien à ses yeux. Dans une procession de la Fête-Dieu, le chef d'une confrérie de pénitents, furieux d'être obligé de céder le pas aux élèves du séminaire, s'oublia jusqu'au plus audacieux blasphème contre le Saint-Sacrement que l'on portait à deux pas de lui. Le lendemain, condamné par l'évêque à faire tous les soirs, pendant neuf jours, amende honorable devant la porte de l'église, revêtu d'un sac couvert de cendre, et une tête de mort à la main, il se soumit à cette pénitence canonique avec les marques non équivoques du plus vif repentir.

Au reste, les Corses possèdent au plus haut degré toutes les qualités bonnes et mauvaises qui forment l'apanage des caractères violents. Dévoués jusqu'à la mort quand ils aiment, généreux, francs, plus fidèles à leur promesse qu'on ne l'est ailleurs à la foi du serment; peu soucieux du lendemain, ennemis de l'argent, quand son acquisition doit leur coûter un peu de peine, ils sacrifient volontiers à l'amour du *far niente* les plus douces jouissances de la vie. Riches pour la plupart, s'ils voulaient cultiver leurs immenses possessions, ils préfèrent affronter les rigueurs du besoin et de la misère, et croupir dans un immuable repos.

Ces malheureuses dispositions sont consacrées, chez ce peuple, par un étrange préjugé : il considère comme humiliants les travaux de la vie champêtre; et il serait bien difficile de lui persuader que la culture de leurs champs, source première de la prospérité publique, exerçait autrefois des mains victorieuses dans les batailles, et que Rome, accablée par ses ennemis, ne trouvait ses héros et ses libérateurs qu'entre les cornes de leur charrue. Il fait venir du petit duché de Lucques des milliers de villageois pour travailler à ses vignes et ensemencer ses campagnes. Ceux-ci, objet de mépris de la part de leurs maîtres, mais sobres, actifs et laborieux, après neuf mois de travaux, repassent en Italie, emportant avec eux l'argent du peuple paresseux qui les a pris à sa solde. Les Lucquois descendent ainsi chaque année dans la Corse au nombre de plus de dix mille, et le prix de leur travail s'élève à plus de deux millions. Chose étrange ! le Corse, si passionné pour le repos, et qui trouve tant de bonheur dans le *far niente*, est cependant avide d'instruction. On voit souvent dans les villages le peuple se grouper autour d'un prêtre qui passe, et le forcer, pour ainsi dire, à lui expliquer quelque dogme de la religion. Ceux auxquels la fortune permet de parcourir la carrière des sciences en dévorent les difficultés avec un courage et une constance que l'on voit rarement ailleurs. Les élèves des écoles, même les plus jeunes, sont très-studieux et appliqués à tous leurs devoirs. Rien ne peut les rebuter, et l'on voit des enfants de dix ans pâlir à la recherche de la solution d'un problème de mathématiques. Tout le monde connaît l'amour de Napoléon pour les sciences exactes : elles furent, dès son enfance, l'objet de ses plus chères prédilections.

Les Corses touchent encore aux mœurs des peuples non civilisés par un point remarquable : si quelque objet leur fait envie, ils donneront pour l'obtenir tout ce qu'ils ont de plus précieux, et au prix le plus modique. On peut tout espérer d'un Corse, pourvu qu'on lui offre en échange un beau fusil ou une paire de pistolets.

Un grand nombre de spéculateurs ont déjà mis à profit cette facilité des Corses à se dépouiller de leurs biens. Un bourgeois de la ville de Metz, M. R***, s'étant ruiné dans des entreprises commerciales, se rendit en Corse, en 1837, avec les débris de sa fortune. Il acheta, pour la somme de 6000 francs, un vaste terrain dans la plaine du *Fiu-Morbo*, et chercha, dans les modestes travaux de l'agriculture, le précieux oubli de son ancienne opulence. Ses efforts ne furent pas vains, et au bout de l'année, le revenu de son nouveau domaine avait déjà surpassé le capital[1].

---

[1] Le terrain, en Corse, se vend au prix le plus modique. En 1839, on offrait, pour la somme de *dix mille francs*, le coteau qui longe au midi le golfe d'Ajaccio. Cette colline, facile à exploiter, et couverte d'un bois magnifique, a 3 lieues de long sur plus de 600 pas de large.

Les habitants du canton de Sartène demandaient, à la même époque, des colons pour la culture de 5,000 arpents de terre en friche. Ils n'exigeaient aucune redevance pendant les dix premières années, et, ce laps de temps écoulé, le bail devait se prolonger indéfiniment, avec les conditions les plus favorables aux fermiers. — Tout le monde connaît en Corse les heureuses spéculations d'un haut magistrat, qui, ayant acheté un vaste terrain pour la somme de 13,000 francs, a vendu, après quelques réparations, le tiers de ce domaine, plus de 80,000 francs !

Comme dans tous les pays à demi civilisés, la femme corse joue plutôt le rôle de servante que celui d'épouse. En Corse, comme dans l'antique Rome, tout est subordonné à la domination absolue du *pater familias*, qui représente la famille au dehors, et en est au dedans le magistrat, le pontife et le maître. L'administration domestique est une sorte de gouvernement absolu; et dès lors il est naturel que les intérêts de la femme y soient complétement sacrifiés.

En Corse, comme dans l'antique Germanie, la famille n'est pas seulement une agrégation de personnes unies par les liens de l'affection et la communauté des intérêts; c'est encore une association formée pour la guerre et pour la vengeance. La femme manie-t-elle le fusil ou le stilet? Si l'un des membres de la famille périt sous les coups d'un ennemi, saura-t-elle réclamer par les armes le prix du sang? Si la chaumière est attaquée au nom de la *vendetta*, pourra-t-elle la protéger par son courage et la force de son bras ? Ainsi raisonne le père de famille corse ; et, en partant de cette donnée, sa conclusion la plus naturelle, c'est la mise en tutelle de sa femme, et la glorification de l'homme, du brave qui manie l'épée.

Mais, il faut en convenir, il abuse étrangement du droit qu'il tient de sa force, et l'orgueil de la masculinité reparaît là plus que partout ailleurs. Tandis que le paysan corse tue le temps à fumer le cigarre auprès de sa cheminée, ou à l'ombre d'un figuier, tous les soins du ménage et les travaux du dehors sont dévolus à sa chère moitié.

C'est pitié de voir quelquefois de pauvres femmes de village, courbées sous le poids d'énormes fardeaux, tandis que le mari se balance mollement sur son cheval. Dans cet état de sujétion, la femme corse doit avoir peu d'autorité sur ses enfants. En effet, ceux-ci dépendent à peu près uniquement de l'autorité paternelle, et à peine sortis de l'adolescence, ils font presque la loi à celle qui les a mis au jour.

Au reste, ce dur asservissement est pour elle la sauve-garde de la plus belle couronne qu'il soit permis à une femme d'ambitionner ici-bas. Active et laborieuse, patiente et résignée, respectueuse et soumise en tout aux volontés de son époux, la mère de famille corse est encore un modèle de fidélité conjugale et de bonnes mœurs. Le moindre oubli à cet égard serait pour elle un arrêt de mort; mais il est peut-être inouï qu'un scandale de ce genre ait jamais appelé sur une femme coupable la fureur de son mari, que le temps n'apaiserait pas.

On conçoit que, dans un pays livré depuis tant de siècles aux horreurs de la guerre et aux divisions intestines, la littérature ait dû faire peu de progrès. Excepté quelques évêques dont nous avons parlé plus haut, la Corse a fourni peu d'hommes illustres par leur science et leurs écrits. Ce n'est pas que les plus belles facultés de l'esprit manquent à ce peuple, placé sous la féconde influence du beau ciel de l'Italie. Nous avons admiré déjà les poétiques inspirations des bergers sur leurs montagnes, et de la veuve désolée sur le cercueil de son époux. Mais les Muses ne se plaisent qu'au séjour de la paix, et la pauvreté littéraire des Corses les réduit à vanter comme un chef-d'œuvre le médiocre roman de *la Fiancée du Niolo*[1].

[1] Une jeune fille, de la vallée du Niolo, avait vu tomber successivement sous les coups des bandits tous les membres de sa famille. Elle n'avait plus qu'un jeune frère sur qui elle pût reposer son cœur. Elle aurait bien voulu dévouer sa vie tout entière au seul ami qui lui restât ici-bas ; mais il fallait lui trouver un appui contre les attentats des ennemis de sa famille, et la jeune vierge consentit à donner à un époux sa main et son cœur, dans l'espoir de trouver en lui un protecteur pour son bien-aimé frère. Quelques jours avant la célébration des noces, le frère de la jeune fille tombe sous les coups d'un bandit. A la vue de ce dernier malheur, les gémissements de la colombe se changent aux rugissements du lion. La jeune paysanne du Niolo accourt chez son fiancé. « Je consentais à l'épouser, lui dit-elle, afin de trouver en toi le soutien d'un frère qui n'est plus : je ne t'avais promis mon cœur qu'à cette condition. Cependant, je veux bien tenir ma promesse ; mais je veux aussi une

Ce qui distingue le peuple corse, c'est une droiture de cœur, une franchise de jugement qui lui ouvre les yeux sur ses torts les plus graves au moment même où la colère semblerait devoir l'aveugler. Avec quelque violence que l'on repousse ses injustices, il se montre comme satisfait, et la *vendetta* n'a pas lieu.

M. R***, possesseur d'un beau domaine en Corse, vit un jour ses moissons dévastées par un troupeau de bœufs qu'un voisin jaloux avait lancés dans ses propriétés. L'auteur du délit, cité en justice, fut condamné à des frais qui engloutirent la plus grande partie de sa fortune, et jamais il ne chercha à tirer vengeance de celui qui avait causé sa

---

dernière preuve de la sincérité de ton amour. Aide-moi à venger sa mort, viens avec moi dans les makis, viens demander au meurtrier de mon frère le sang qu'il a fait couler. » Le jeune fiancé refuse de partager le ressentiment de la jeune fille, qui revêt aussitôt le costume des bandits, poursuit pendant plusieurs années, à travers mille dangers, l'assassin de sa famille, et le voit enfin expirer sous ses coups.

ruine. Ce dernier trait dévoile encore chez ce peuple un défaut qui sera peut-être un perpétuel obstacle à la parfaite exploitation de son pays. Les paysans corses sont très-jaloux des succès de leurs voisins; et si les colons étrangers ne repoussaient pas avec la dernière rigueur leurs insultes journalières, ils verraient périr à chaque instant les fruits de leurs travaux.

Une des vertus les plus remarquables du peuple de Corse, c'est son respect pour les saintes lois de l'hospitalité. Tout ce que l'histoire nous dit des pieux usages des anciens, à cet égard, se renouvelle chaque jour dans cette île, fidèle dépositaire des antiques traditions. Dès qu'un étranger apparaît, c'est à qui obtiendra la faveur de le recevoir dans sa maison. La famille qui a obtenu la préférence entoure l'inconnu comme un ami qu'elle n'aurait pas vu depuis longtemps. On lui donne la place d'honneur au foyer domestique; on étend sur un vaste brasier le plus gras des agneaux du bercail; le vin le plus généreux coule à grands flots sur la table rustique ; les pains de marron, le *broccio*, la *polenta*, le boudin au raisin sec, les rayons de miel, le lait des chèvres et des brebis, et mille autres mets recherchés dans le pays, sont étalés avec profusion. Le moment du départ est toujours, pour la famille hospitalière, une heure de peine et d'affliction.

On souhaite mille prospérités au voyageur qui s'éloigne. Un de ceux qui l'ont accueilli guide ses pas loin du village, toujours prêt à le défendre au péril de sa vie, et l'étranger peut désormais compter, dans l'énumération de ses trésors, quelques fidèles amis de plus.

Voici un dernier trait qui fera voir avec quel plaisir les Corses accueillent les voyageurs qui visitent leur île : au printemps de l'année 1839, je voulus faire, avec un de mes amis, une ascension vers un petit village perché, comme un nid d'aigle, à la cime d'un rocher, entre Vico et Ajaccio. Le modeste pasteur de ces hameaux perdus dans les nuages fut prévenu de nos projets, et en avertit son troupeau. Grande aussitôt fut la dispute : chacun aspirait à l'honneur de nous recevoir. Enfin, pour prévenir toute jalousie, il fut convenu que le bon curé nous accueillerait d'abord; que le festin aurait lieu dans la maison du maire, et que tout le village en ferait les frais. Ces arrangements terminés, on envoie au-devant de nous plusieurs paysans, qui, nous aidant à gravir les aspérités du roc, nous disaient à chaque pas : *Siate i ben'venuti;* soyez les bien venus.

Dès que nous fûmes parvenus au sommet du plateau, tous nos bons villageois accoururent à notre rencontre en poussant des cris de joie. Nous ne pouvions nous expliquer cette singulière ovation, dont le bruit faisait retentir les échos des rochers. On nous conduisit d'abord à l'église : notre première visite était due en effet au Dieu qui bénit le pauvre, à l'éternel ami des cœurs hospitaliers.

Le bon curé de ces hameaux nous reçut ensuite avec cette franche cordialité qui distingue partout le prêtre des campagnes. Cependant, un splendide repas nous attendait à la mairie. Là, dans une grande salle, une table était dressée, assez vaste pour quarante convives. Quinze villageoises avaient obtenu l'honneur de nous servir. Bientôt nous vîmes apparaître un agneau et un cochon de lait rôtis sous la cendre, puis un énorme rayon de miel, et puis cent autres plats monstrueux, dont la vue seule eût refoulé l'appétit le plus vorace. Il fallait cependant faire honneur à ce singulier repas, et cinquante paysans, échelonnés le long des murs, examinaient avec une curieuse anxiété l'accueil que nous ferions à ces mets effroyables. Quatre convives seulement devaient s'asseoir à la table rustique : mais la faim, aiguisée par la fatigue et l'air pur de la montagne, nous fit trouver délicieux ce gigantesque festin. Nos hôtes rayonnaient de joie : « Comme ils mangent bien, disaient-ils, dans leur naïf langage ! *come magnano bene!* »

Des jeux, auxquels le village entier prit une bruyante part, terminèrent la journée ; et ce ne fut que vers le soir que nous pûmes nous arracher du milieu de ce bon peuple, qui nous voyait pour la première fois, qui ne devait jamais nous revoir, et auquel notre seul titre de *Français* et d'étrangers avait inspiré tant de bienveillance.

Ce respect pour les droits de l'hospitalité n'est pas le seul héritage que la Corse ait recueilli des temps anciens. Les morts ont aussi leurs pleureuses, et leurs mânes reçoivent encore des offrandes et des libations. Dès qu'un homme a rendu le dernier soupir, son épouse fait le tour du lit funèbre, et, dans le paroxysme de sa douleur, elle s'arrache les cheveux en chantant une élégie improvisée et souvent très-poétique : ce sont de tendres reproches à l'époux qui la délaisse pour voler vers un monde meilleur.

Lorsque, le lendemain, il faut procéder à la sépulture, le spectacle devient déchirant. Les parentes du défunt se réunissent comme pour empêcher l'enlèvement du cercueil. Une espèce de lutte s'engage, et se prolonge quelquefois assez longtemps. Ces malheureuses poussent des cris épouvantables, se frappent le sein, se roulent dans la poussière, et se tordent comme en proie aux accès d'une violente frénésie. Peu de temps après, la veuve, en habit de deuil qu'elle ne quittera plus [1], se dirige vers la tombe de

---

[1] Les seconds mariages, en Corse, sont très-rares et considérés comme une espèce de déshonneur. La veuve ne quitte plus les habits de deuil. Quand elle paraît en public, la tristesse est peinte sur son visage, qu'elle couvre d'un voile devant les personnes à qui elle doit de la considération.

son époux. Là, elle exhale encore sa douleur par de longs gémissements; elle jure à celui qui n'est plus un éternel amour, et dépose sur sa tombe du tabac et d'autres provisions pour soutenir ses pas dans les voies de l'éternité [1].

Autant ce cruel spectacle attriste l'étranger qui en est témoin, autant son cœur s'épanouit sous la ravissante poésie des fêtes nuptiales. On sème sous les pas de la jeune épouse des poignées de grains de froment. « Puisses-tu, lui dit-on, donner à la patrie des enfants nombreux comme les épis des moissons, forts et vigoureux comme les ceps de la vigne et les rameaux de l'olivier! Puissent ceux qui naîtront de toi combler tes vieux ans de joie et de bonheur! »

---

[1] Ces tristes cérémonies se renouvellent tous les ans le jour des morts : les femmes qui ont à déplorer le trépas d'un proche se rendent au cimetière, s'étendent d'abord dans un morne silence sur la tombe de leurs morts, puis se meurtrissent le sein, en poussant des cris épouvantables.

Ainsi, comme autrefois chez les Hébreux, comme aujourd'hui chez toutes les nations où les mœurs ont conservé leur pureté native, le grand nombre d'enfants est considéré par les Corses comme une des plus riches bénédictions du ciel. Les richesses ne sont rien au prix d'un pareil honneur, et la jeune fille qui pourra compter de nombreux parents trouvera toujours un brillant parti, quelle que soit la modicité de sa fortune.

Quel malheur que cette simplicité des mœurs antiques soit entachée d'un vice odieux, qui, s'étayant sur un barbare préjugé, a, pendant une longue série de siècles, fait couler des fleuves de sang! Le Corse s'irrite facilement : une simple raillerie, un mot injurieux bouleverse son âme par une indicible fureur. Il croit devoir alors, pour sauver son honneur, laver dans le sang de son ennemi l'affront qu'il en a reçu. S'il le peut, il assouvit sur l'heure même son cruel ressentiment ; sinon, il dissimule sa colère, et prévient son ennemi qu'*il faut en finir* [1], et que désormais il y aura entre eux deux une guerre à mort. Cette formalité remplie, l'offensé laisse croître sa barbe en signe de deuil, et pour montrer que son honneur est engagé. Il poursuit alors son ennemi avec un acharnement que les années ne peuvent affaiblir : il l'épie nuit et jour, s'informe des lieux où il doit aller, et va s'embusquer à son passage. Sa querelle est épousée par tous ses parents, de sorte que la victime, si elle n'a de nombreux amis pour la défendre, ne tarde pas à tomber sous des coups si multipliés. Si l'assassin craint d'être arrêté, il prend la fuite ; sinon, il frappe son ennemi longtemps encore après sa mort, et contemple quelquefois, haletant de plaisir, les lambeaux

---

[1] *Bisogna far la finita.* C'est l'expression consacrée pour annoncer à un ennemi que l'honneur exige que l'un des deux devienne la victime de l'autre.

palpitants de sa victime. Le crime une fois commis, deux espèces de vengeurs se présentent : les agents de la justice, et les parents de l'homme massacré. Pour échapper à leurs poursuites, le meurtrier, muni d'un fusil, de deux pistolets et de quelques stylets, se réfugie dans les bois, ou sur des montagnes inaccessibles. Il appartient dès lors à la classe des bandits. Il se met en communication secrète avec les bergers, qui le tiennent au courant de tout ce qui peut l'intéresser dans les villages voisins. Ses provisions épuisées, il fond, au milieu de la nuit, sur quelques hameaux solitaires, pénètre dans la maison où il espère trouver un plus riche butin, enlève tout ce qu'il trouve à sa bienséance, et reprend le chemin des bois. Son procédé pour avoir de l'argent est tout à fait simple : il écrit une lettre à quelque riche bourgeois : la quantité de la somme exigée, le temps et le lieu où elle doit être remise, tout est clairement désigné. Vient ensuite cette parole : « Si ma demande est rejetée, sachez que votre vie est en mon pouvoir, et qu'un bandit ne menace jamais en vain. — Je vous salue. »

On s'empresse d'obéir à la sommation ; car la terreur que les bandits inspirent va si loin, qu'un seul suffit pour tenir un village entier dans un état perpétuel de frayeur et d'alarmes. D'ailleurs, ne pas accéder à ces exigences, c'est affronter tous les efforts de son ressentiment, et renoncer pour toujours aux douceurs de la sécurité et de la paix.

L'existence du fier proscrit dépend à peu près de la fidélité des espions et des bergers secrètement dévoués à sa fortune. C'est par eux qu'il est prévenu de l'apparition des voltigeurs, ses plus redoutables adversaires ; c'est par eux qu'informé des démarches de son ennemi, il peut le surprendre dans une embuscade et l'immoler; c'est par eux, enfin, qu'il est pourvu de tous les objets nécessaires à la vie. Le bandit qu'on parvient à isoler est réduit à quitter sa retraite inaccessible, et il tombe infailliblement sous les coups de la force armée.

Au mois d'avril 1839, vingt de ces malfaiteurs étaient cachés dans la forêt qui longe au sud-est le golfe d'Ajaccio. Un arrêté du préfet, qui ordonnait de sévir contre les pâtres soupçonnés de leur prêter secours, effraya ceux-ci, et les bandits, affamés dans leur bois, durent négliger, pour se procurer des vivres, les précautions nécessaires à leur sûreté. Le prestige et la terreur qu'ils causaient dans les environs s'évanouirent. On épiait tous leurs mouvements, non plus pour les protéger, mais pour les trahir. Bientôt onze d'entre eux furent pris dans une caverne, et le 10 mai suivant, cinq autres, bloqués dans un bois vers la pointe du golfe d'Ajaccio, tombaient sous les coups de la milice [1].

---

[1] Les circonstances du combat où ces cinq bandits fu-

Ce n'est donc que par la terreur que les bandits ont pu jusqu'ici étreindre leur patrie dans leurs bras sanguinaires.

Si la Corse, oubliant leur courage barbare, s'était habituée à ne voir en eux que des malfaiteurs, et si les gouvernements

---

rent massacrés montrent quelle terreur inspire cette classe de criminels aux agents de la justice chargés de les détruire.

Dans la nuit du 10 mai 1839, deux bergers arrivèrent à Ajaccio pour dénoncer à la police quelques bandits cachés dans les bois de *Campo-di-Loro*. Aussitôt on met sur pied vingt-cinq gendarmes, vingt-cinq voltigeurs corses et cinquante soldats de la troupe de ligne. A cinq heures du matin, le bataillon se met en marche sous la conduite du capitaine de gendarmerie, d'un capitaine d'infanterie, et d'un lieutenant des voltigeurs. On arrive en silence auprès d'un petit bois entouré de toutes parts par des champs labourés. Du milieu de cet épais fourré s'élevait une fumée qui indiquait le repaire des bandits. Ceux-ci, ignorant le danger qui les menaçait, préparaient tranquillement leur repas du matin, et faisaient griller du poisson sur la cendre. Aller les attaquer dans leur gîte, c'était exposer un grand nombre de soldats à une mort certaine. On prit le parti d'environner le bois, et de s'avancer ainsi à travers les broussailles en faisant un feu bien nourri. Aussitôt plusieurs tambours donnent le signal de la charge. Chaque militaire s'avance en tirant au hasard devant lui dans l'épaisseur du fourré. Dès le premier coup, les cinq banqui ont passé sur elle avaient su la dépouiller de ses bois qu'on ne peut exploiter, et de ses sauvages makis où tous les meurtriers trouvent un asile assuré, il y a longtemps que ce fléau ne pèserait plus sur elle. Aussi, ces esclaves cruels d'un hon-

dits se disposent à faire face de tous cotés. Ils se séparent, et chacun d'eux, armé d'un fusil double et de deux pistolets, se défendit avec une telle vigueur, que l'on crut tout d'abord qu'ils étaient plus de vingt. Bientôt un soldat est blessé à la jambe ; une balle effleure le crâne d'un voltigeur : une épaisse fumée couvre tout le taillis. Un bandit se montre enfin, et fait feu sur la troupe, puis tombe percé de quatorze balles ; un autre succombe un instant après, criblé de coups. Le troisième était accroupi au lieu même où se préparait le repas du matin. Quand ce malheureux fut assailli par les soldats, il mangeait du poisson à moitié rôti, sans que cette occupation ralentît en rien son ardeur à tirer sur la troupe. Le quatrième s'élance pour percer le rang des soldats, et vient expirer à la pointe de leurs baïonnettes.

Cependant, les chefs de la troupe désiraient beaucoup se saisir du cinquième, dans l'espoir d'obtenir de lui quelques révélations sur d'autres bandits cachés dans les environs. En conséquence, les soldats ouvrent leurs rangs, et se forment en demi-lune, espérant que le bandit, poussé hors des bois vers des champs découverts, finirait par se rendre, et, dans tous les cas, tomberait facilement sous leurs coups. Le malheureux cède le terrain pas à pas, toujours en ripostant avec une indicible neur mal compris ont toujours cherché à éblouir un peuple ignorant par des titres fastueux et une grande ostentation de force et de puissance. Théodore Paoli, célèbre par trente-neuf assassinats, prenait le nom de *Roi des montagnes*, et le bandit Gallo-

fureur aux coups de feu de l'ennemi lancés au hasard à travers l'épaisseur des broussailles. On eût dit un lion traqué dans son repaire. Enfin, privé de munitions et acculé à l'extrémité du bois, il se lève fièrement en face des soldats. A sa vue, ceux-ci baissent leurs armes. « Rends-toi, lui dit-on, il ne te sera fait aucun mal ; dépose tes armes, et nous te laisserons la vie. — Non, » répond le bandit, et aussitôt il étend un voltigeur roide mort presque à ses pieds. La fureur des soldats ne connut alors plus de bornes, et cent coups de fusil, tirés à bout portant, ne firent plus de ce féroce proscrit qu'un monceau d'ossements brisés et de chairs palpitantes. Telle fut l'issue de cette triste expédition. Parmi ces cinq bandits, se trouvaient les meurtriers de M. Pozzo di Borgo, neveu du célèbre ambassadeur, et dont nous raconterons bientôt la déplorable mort.

Les soldats, mourant de soif, et épuisés de fatigue, trouvèrent sur la mousse qui servait de lit aux cinq malfaiteurs, vingt-cinq litres de vin, quelques poissons et quelques-uns de ces fromages que l'on appelle *broccio*. Après s'être rafraîchis, ils ensevelirent au milieu du bois leurs malheureuses victimes, et rentrèrent vers une heure après midi à Ajaccio, dans un appareil qui convenait peu à leur triste victoire.

‑chie, plus de trente fois meurtrier, s'appelait le *Seigneur des makis*.

C'est par tous ces moyens que des hommes qui ne méritaient que la malédiction des peuples se sont acquis une renommée de courage et de gloire qui n'appartient qu'à la véritable grandeur.

Le cœur se soulève de pitié lorsqu'on entend un Corse compter avec orgueil les bandits nombreux que sa famille a donnés au pays. — « Monsieur, disait un jour à un ecclésiastique français un jeune étudiant du séminaire d'Ajaccio, mes parents ont bien leur part d'illustration dans notre patrie; mon père et deux de mes oncles et trois de mes cousins sont bandits ! »

Ces malheureux n'épargnent rien pour entretenir cette stupide admiration, et semer partout la terreur. La moindre résistance à leurs violents procédés, toute démarche tendant à rassurer le peuple contre leurs entreprises, sont, pour celui qui se les permet, un irrévocable arrêt de mort. En 1839, un jeune bandit de dix-huit ans, surnommé *il Cioccio* (le hibou), répandait la terreur dans le village de la Moca.

M. l'abbé Susini, qui résidait dans ces hameaux, ayant blâmé ses paroissiens de l'excessive frayeur que leur inspirait *cet enfant,* comme il l'appelait, reçut bientôt une lettre ainsi conçue : « Vous verrez dans huit jours que le bandit Cioccio est plus redoutable que vous ne le croyez. »

M. Susini fit venir d'Ajaccio six voltigeurs pour le protéger contre les attaques de son ennemi ; et, se confiant trop à cet appui, il osa prononcer ces mots, qui éclairèrent le bandit sur le moyen d'assouvir son ressentiment : « Je ne le crains pas ; il ne peut me tuer qu'à l'autel. »

Six jours après, le prêtre menacé montait à cet autel pour la célébration des saints mystères, et, à l'instant où, incliné devant le tabernacle, il se préparait à la lecture de l'Evangile, le bandit s'élance des fonts baptismaux où il se tenait caché, et en un clin d'œil quatre coups d'armes à feu brisaient en éclats la demeure du Saint des saints, et le prêtre expirait sur les marches du sanctuaire. L'assassin, écartant à coups de stylet quelques femmes qui voulaient l'arrêter, parvint à s'échapper; et ce ne fut que quelques mois après que, cerné dans un ravin par cinq gendarmes, il expia son forfait sous leurs coups [1].

Le cœur, fatigué par le récit de ces drames sanglants, se repose avec bonheur sur de plus beaux exemples; car la Corse vindicative fournit cependant de magnifiques traits de clémence et de pardon.

Un vieillard, père de trois enfants, avait encouru la haine d'un bandit. Celui-ci lui

---

[1] Des membres de la famille de M. l'abbé Susini, pour éterniser le souvenir du meurtre de leur parent, voulaient que l'église qui en avait été le théâtre restât profanée, et ne servît plus au culte religieux. Lorsque le

écrivit un jour en ces termes : « Tu mour-
« ras sous mes coups ; mais, pour que l'a-
« gonie te soit plus amère, tes trois fils mour-
« ront avant toi. » Quelque temps après,
l'aîné tombait sous la main du meurtrier.
Le second suivit de près son frère dans la
tombe. Restait le plus jeune, âgé de huit
ans. En vain le malheureux vieillard veille
nuit et jour sur ce dernier fruit de son
amour, la jeune victime échappe un matin aux regards paternels ; elle va jouer
dans la prairie avec les enfants des hameaux
voisins. Mais tout à coup le bandit sort des
bois, et, suivant sa promesse, il immole à
sa fureur ce dernier fils de son ennemi. Le
père, alors, veut braver les coups du meurtrier de ses enfants, heureux de perdre dans

pieux évêque d'Ajaccio, après avoir ordonné des prières
expiatoires dans tout son diocèse, partit pour la bénir et
la rendre à sa première destination, il ne dut qu'à sa
douceur et à la fermeté de son courage d'échapper aux
plus grands périls.

ses mains une vie désormais trop amère. Entouré de quelques amis, il le poursuivait dans les makis à travers les ombres de la nuit, lorsque enfin il le trouva un soir endormi dans d'épaisses broussailles. Le meurtrier, chargé de fers, est traîné vers le *Champ du repos*, pour être immolé sur la tombe de ses trois victimes.

Déjà le criminel, agenouillé, prêtait la gorge au glaive vengeur; déjà vingt stylets se dirigeaient vers sa poitrine, lorsque le vieillard ordonne de surseoir à l'exécution. Une lutte cruelle agite le cœur de ce père malheureux; sa poitrine haletante et oppressée exhale de profonds soupirs; puis, promenant un sombre regard sur la tombe de ses enfants : « Vois, cruel, dit-il au « bandit, vois le mal que tu m'as fait !... « Contemple ces tombeaux...... Tu m'as « donné trois fois la mort..... Mais Dieu « veut que je te pardonne : je préfère sa « loi aux préjugés de mon pays : retourne « au sein de tes forêts. «

Sous la fatale domination des Génois, qui, pour mieux garder leur conquête, fomentaient, chez le peuple conquis, les inimitiés privées et les discordes civiles; dans ces temps malheureux où la Corse semblait n'avoir à espérer de justice que d'elle-même, où chacun se la rendait pour son propre compte, où la vengeance était presque chez tous un point d'honneur, un devoir imposé par les mœurs, un droit, pour ainsi dire, que paraissait justifier l'inertie de la loi, l'histoire de ce pays offre des exemples multipliés du pardon le plus généreux et le plus héroïque. J'espère qu'on en lira quelques-uns avec intérêt.

Nous avons déjà vu les habitants du Niolo déposer toute leur haine à la voix des prêtres de saint Vincent de Paul; nous avons vu ces merveilleux résultats opérés encore de nos jours par le zèle de l'évêque d'Ajaccio : on nous permettra de citer un trait rapporté par Filippini, et qui nous révèlera les fruits que produisent en Corse ces missions si décriées par les esprits forts de la France. Guillaume de Speloncato, de Balagne, religieux de l'ordre des Cordeliers, depuis évêque de Sagone, était un célèbre prédicateur de son temps. Sa mémoire est encore révérée en Corse. Ce bon religieux, prêchant à Loreto, le jour de l'Assomption de 1480, cinquante mille personnes étaient accourues pour l'entendre. Sa parole fut si éloquente, et le cœur des assistants pénétré d'une si sainte ferveur, que beaucoup d'entre eux, jusqu'alors ennemis implacables, coururent se jeter dans les bras les uns des autres, et firent une paix parfaite [1].

Jean-Paul de Leca, après avoir combattu vaillamment contre les Génois, fatigué de voir la discorde et la défection se mettre dans son parti, et abandonné par quelques-uns

---

[1] *Molti offensi inteneriti di cuore di quel santo fervore correvano ad abbracciare gli offensori, ed a far perfetta pace conessi.*

des chefs corses, d'abord patriotes comme lui, et ensuite transfuges de sa cause, s'était retiré en Sardaigne avec Roland de Leca, son fils. Au nombre des émigrés se trouvaient aussi les enfants de Giovanninello de Leca. Un jour, une querelle violente s'éleva entre eux et Roland. Emportés par la colère, ils le tuèrent. Arrêtés incontinent, et livrés à la justice du pays, ils allaient être condamnés à mort. Cependant, Jean-Paul de Leca, qu'une action aussi lâche que criminelle avait privé de son fils bien-aimé, court se jeter aux pieds du vice-roi, non pour demander vengeance, mais pour implorer la grâce des meurtriers. Les enfants de Giovanninello furent rendus à la vie et à la liberté.

Un bandit, vivement pressé par ses ennemis, se réfugia, n'ayant pas d'autre asile, dans la maison de ceux qui le poursuivaient, pendant qu'elle était déserte : il s'y enferme ; on l'y assiège. Cependant, il a entendu les cris d'un enfant ; il le voit dans un berceau. Les assiégeants menacent de brûler la maison. Le bandit prend alors l'enfant dans ses bras, l'attache avec des maillots, ouvre la fenêtre, et descend ainsi le fragile et précieux fardeau hors de la maison, en présence du père, qui, touché de cet acte généreux, ordonne la suspension des hostilités, et promet au bandit réconciliation et pardon. La porte de la maison s'ouvre alors, le bandit se présente, et la paix, acceptée avec confiance, est solennellement jurée.

A Zicavo, un habitant avait eu le malheur de voir son fils unique enlevé par un meurtre à sa tendresse et à ses espérances. Rangés autour de lui, ses parents l'excitaient à la vengeance. Trois de ses neveux, en état de porter les armes, lui dirent : « Venez avec nous ; allons à la poursuite du meurtrier, que vous seul d'entre nous connaissez. Il faut qu'il expie son crime ; le sang appelle le sang. » Le père résista quelque temps, puis il céda.

Par une brûlante journée d'été, le père et les trois cousins du mort arrivèrent à la fontaine du Frasso, dont le nom est devenu célèbre en Corse par l'action même qui fait le sujet de ce récit. Sur le penchant d'une riante colline, ombragée de grands arbres, jaillit cette source fraîche et limpide. Non loin de là, s'élève, couverte de lierre, une vieille tour, construite de granit, dernier débris, s'il faut en croire la tradition, d'une antique cité que Ptolémée a nommée *Pauca-Civitas*.

Les quatre voyageurs s'assirent au bord de la fontaine, étalèrent sur l'herbe leurs provisions, et déjà l'un des trois jeunes gens venait de plonger dans l'eau sa gourde remplie de vin, lorsqu'un étranger, armé comme eux, et paraissant avoir une trentaine d'années, se montra tout à coup à leurs yeux. L'habitant de Zicavo a reconnu avec terreur le meurtrier de son fils; à la vue du père de la victime, l'étranger s'est troublé. Mais, de part et d'autre, cette émotion, près d'éclater, est fortement comprimée, et doit faire place à d'autres sentiments.

C'est alors, en effet, que, par un mouvement inspiré de vertu sublime, le malheureux père, s'adressant à l'étranger, l'invita à s'asseoir et à partager leur modeste repas. Quand ils ont bu et mangé ensemble, il se lève, dépose ses armes, tire à l'écart son ennemi, et lui dit : « Ta vie est en mon pouvoir. Je pourrais te l'ôter sans obstacle, mais que le Ciel en dispose! Tu m'as plongé dans la plus profonde et la plus amère douleur; tu m'as rendu le plus infortuné des pères. Je te pardonne : la seule chose que j'exige de toi, c'est que tu traites tes ennemis comme tu vois que je te traite toi-même. Songe bien et souviens-toi qu'il est plus doux et plus glorieux d'oublier les offenses que de les venger. » A ces mots, il embrasse son ennemi pénétré d'admiration, lui dit adieu, et va rejoindre ses jeunes compagnons. « Cet homme, leur dit-il quand l'étranger s'est éloigné, cet homme est celui qui a tué mon fils. Mais il a mangé notre pain et bu notre vin, je lui ai fait grâce. Imitez mon exemple, mes enfants, car vous l'êtes aujourd'hui, et n'entreprenez rien, je vous en prie et vous l'ordonne, contre l'homme à qui j'ai pardonné. »

Quelquefois, l'oubli des injures est sanctionné, et la paix octroyée par acte devant notaire. Cela eut lieu, entre autres, à Lucciana, le 1er frimaire an IX. Il s'agissait d'un frère que son frère eût pu venger, suivant la barbare coutume du pays ; mais le pardon fut accordé par un acte notarié, en tête duquel on rappelait cette parole du divin Maître : *Diligite inimicos vestros.* Un pareil acte de pardon fut passé, le 28 janvier

1828, à Cuttoli. On se souvient toujours, en Corse, de la paix qui, en 1834, fut conclue entre plusieurs familles de Sartène, Olonetto, Sainte-Lucie, Fozzano et Gavignono, et que la religion cimenta de sa bienveillante intervention.

Chez un peuple où de pareils exemples de vertu et d'héroïsme ne sont pas rares, on peut tout espérer pour le retour de la civilisation, à moins qu'on ne cherche à la ramener à la pointe des baïonnettes. En Corse, plus qu'ailleurs, le système qui prévient le crime est le seul qui puisse moraliser le pays. On peut bien massacrer des bandits dans leurs bois, mais ces meurtres, quelque légitimes qu'ils puissent être, n'effrayent point les autres coupables, et n'opposent, par conséquent, qu'une barrière impuissante à leurs attentats. On sait que le bandit affronte le trépas avec un sang-froid qui devrait être le partage exclusif de la vertu. Luttant seul contre dix à vingt soldats, criblé de coups, couvert de sang, il aime mieux mourir que fuir ou se rendre. Un de ces malfaiteurs, surpris dans un souterrain par des voltigeurs, refusa obstinément de se livrer à eux. Aller le prendre dans son réduit n'était pas chose facile, et une mort inévitable eût été le prix d'une pareille témérité. On se résolut donc à attendre de la faim ce qu'on ne pouvait obtenir par la force. Déjà les heures et les jours s'écoulaient, et le bandit, sans provisions, exténué par le besoin, entendait au-dessus de lui les ris joyeux de ses ennemis, qui nageaient dans l'abondance. Son obstination fit place alors au paroxysme de la fureur. La voûte est bientôt criblée des balles qu'il dirige en vain contre les voltigeurs. Réduit enfin à son dernier coup, il annonce qu'il va se rendre, et demande quelques instants pour prier, unissant ainsi, par un monstrueux mélange, les douces pensées de la religion à la fureur du désespoir ¹. Tout à coup une dernière et plus forte détonation ébranle le caveau : les voltigeurs descendent, et ne trouvent plus qu'un cadavre mutilé.

Au reste, cette férocité du bandit n'éteint jamais dans son cœur la reconnais-

---

¹ Cette étrange union de la piété avec les crimes se rencontre chez presque tous les bandits corses. Comme les brigands d'Italie qui demandent la *charité* au voyageur en dirigeant contre sa poitrine la pointe de leur poignard, les partisans de la *vendetta* portent toujours avec eux des médailles de la sainte Vierge, ou quelque autre objet pieux, pour lequel ils professent une grande vénération. Quelquefois même ils prient le Ciel de les favoriser dans leurs coupables entreprises, et, en mourant criminels, ils implorent sa clémence.

Le 29 avril 1844, vers le matin, après une nuit d'infructueuse attente, les gendarmes de la brigade de Sartène allaient se retirer du bois où ils s'étaient établis, pour y guetter les bandits Sancta-Lucia et Alfonsi, lorsqu'ils virent sortir d'un fourré un individu couvert d'un *pelone*, et armé de pied en cap. C'était Alfonsi, qui, apercevant les gendarmes, tira sur eux deux coups dont personne ne fut atteint. Les gendarmes ripostèrent, et Alphonsi tomba, la poitrine traversée par une balle.

Il allait déposer les armes, lorsque sa jeune sœur, attirée par le bruit des coups de fusil et les cris de son frère, lui cria : « Du courage, du courage, mon frère, ne pense pas à te constituer prisonnier. Il faut mourir en brave! » Ces paroles, prononcées avec une vive énergie, produisirent sur l'esprit d'Alfonsi un tel effet, qu'il

sance pour un bienfait reçu. C'est pour lui une loi sacrée de défendre son bienfaiteur envers et contre tous, et jusqu'au dernier soupir. Le service le plus léger est un titre

oublia sa blessure et sa mauvaise position pour recommencer le feu.

Un gendarme fut aussitôt mis hors de combat, les autres tinrent le bandit en respect ; mais toute la population de la Grossa s'était rendue sur le lieu même du combat, et semblait devenir menaçante pour la force publique. Un gendarme fut alors envoyé à Sartène pour demander du secours, et le substitut du procureur du roi, le lieutenant de gendarmerie, le capitaine des voltigeurs corses, et quelques gendarmes et voltigeurs, arrivèrent à cinq heures du soir. Ils furent rejoints par quarante hommes de ligne, commandés par un sous-lieutenant.

La population de la Grossa, déconcertée par l'apparition subite d'une force si imposante, n'essaya pas de résister ; elle entonna, après s'être agenouillée, les prières des agonisants. C'était le dernier adieu que le peuple de la Grossa adressait au bandit.

Alfonsi, sommé par le substitut du procureur du roi et le lieutenant de gendarmerie de se rendre, ne répondit que par un coup de fusil dont la balle alla frapper le rocher sur lequel se tenaient le magistrat et l'officier. La troupe fit feu, et le bandit, qui, malgré sa blessure du matin, ripostait à chaque coup, expira après avoir reçu deux balles dans la tête.

On a trouvé sur ce malheureux une médaille de la sainte Vierge qu'il tenait à la main au moment où ses parents et amis de la Grossa priaient pour lui.

suffisant pour faire de ce fier proscrit un esclave dévoué, et l'aveugle instrument des caprices de son nouveau maître. On sait que des Corses, influents par leurs richesses, exploitent honteusement cette gratitude des bandits, et en font, au prix de leur or, les fidèles exécuteurs de leurs vengeances particulières.

On a beaucoup parlé de cette menace d'un Corse bien connu, au saint évêque d'Ajaccio : « Sachez, monsieur l'évêque, que tous les bandits sont à mes ordres, et tremblez! — Je ne savais pas, en effet, reprit le prélat, que je fusse en présence d'un chef de brigands. » Quelque vive que soit la reconnaissance de ces grands criminels, l'injure la plus légère et le moindre oubli à leur égard suffisent pour éteindre ce beau feu dans leur cœur. Un mauvais procédé suffit pour leur faire oublier les plus grands services. La haine et la vengeance succèdent aussitôt à l'amitié et au dévouement.

M. Pozzo di Borgo, neveu de l'illustre ambassadeur de Russie, tomba, en 1839, sous les coups de deux jeunes scélérats qu'il avait comblés de biens. Cet homme généreux prodiguait ses revenus aux habitants du village d'Alata, où il avait reçu le jour. On voulut bientôt exiger comme une dette les secours qu'on recevait de sa munificence. Deux jeunes gens surtout, habitués à vivre aux dépens de leur bienfaiteur, l'obsédaient chaque jour par les sollicitations les plus indiscrètes. A la fin, M. Pozzo di Borgo se lassa : quelques paroles amères furent prononcées, et, six jours après, arrêté à quelques pas d'Ajaccio, il expirait sous les coups de ceux qu'il avait protégés et nourris comme ses enfants [1].

---

[1] La mort de M. Pozzo di Borgo jeta la consternation dans le cœur des gens de bien, et priva les indigents d'un protecteur et d'un père. Quelques détails sur les circonstances d'un crime qui mit fin à des jours si précieux ne seront pas, je l'espère, hors de propos. Ils

Nous ne pourrions, sans franchir les bornes que nous prescrit le titre de cet ou-

achèveront le tableau des malheurs que les bandits font subir à la Corse.

Deux jeunes gens du village d'Alata, situé sur une montagne à deux lieues d'Ajaccio, connaissant le cœur généreux de M. Pozzo di Borgo, l'exploitaient chaque jour, pour vivre dans l'oisiveté du fruit de ses largesses. Après maintes demandes d'argent, toujours exaucées, M. Pozzo di Borgo crut devoir exhorter ses deux jeunes protégés à se procurer par leur industrie une honnête existence. Une altercation s'ensuivit : M. Pozzo di Borgo, impatienté par leurs instances, laissa échapper quelques mots amers, et, dans la chaleur de la discussion, un membre de sa famille prononça, dit-on, ces paroles : « Ce sont deux bandits, qu'on les fasse arrêter ! — Oui, répondirent les deux jeunes gens, nous sommes des bandits, et vous ne tarderez pas à en recevoir la preuve. » Six jours après, M. Pozzo di Borgo voulut aller visiter un de ses domaines, situé au-dessous d'Alata, à une lieue et demie d'Ajaccio. Les instances de ses amis pour le détourner de son fatal projet furent inutiles : il partit en calèche, accompagné seulement de son cocher et de deux laquais. Après avoir parcouru sans accident ses belles prairies et les alentours de son château, il reprit, à trois heures après midi, le chemin de la ville.

Tout à coup les deux jeunes gens qui l'avaient menacé s'élancent d'un fourré, arrêtent la voiture et ordonnent à M. Pozzo di Borgo de descendre. Alors le cocher se disposa à lancer les chevaux ; mais son maître, n'apercevant aucune arme dans les mains de ses ennemis, et craignant que ses chevaux emportés ne se jetassent dans le précipice qui longe le chemin en cet endroit, descendit aussitôt ; et comme ses serviteurs l'entouraient vrage, énumérer tous les maux que les bandits ont causés à leur patrie, et les victimes qu'ils ont faites. M. Robiquet, dans sa *Sta-*

pour lui faire un rempart de leur corps : « Retirez-vous, s'écrièrent les deux bandits, nous voulons parler à votre maître. » Ils l'entraînent alors à quelques pas de la voiture, puis, ramassant chacun un fusil double caché sous l'herbe : « Prépare-toi à paraître devant Dieu, s'écrient ces misérables, tu vas mourir ! » En vain la victime leur demande la vie au nom de ses dix petits enfants et de sa jeune épouse. L'un des meurtriers vise alors à bout portant le malheureux père de famille, et comme l'amorce brûlait toujours sans que le coup partît : « Tire donc, s'écria avec fureur le bandit à son complice. » Au même instant, quatre coups de fusil étendirent M. Pozzo di Borgo palpitant sur le pavé. Les deux assassins ordonnent aux valets de remettre dans sa voiture le corps de leur maître, rechargent tranquillement leurs armes au milieu même du chemin, et s'enfoncent à pas lents dans les bois.

M. Pozzo di Borgo expira la nuit suivante dans les bras de son épouse et de l'évêque d'Ajaccio, en pardonnant à ses meurtriers, et en faisant des vœux pour le bonheur de sa patrie.

On raconte que, sur le point d'expirer, M. Pozzo di Borgo, apercevant M. le préfet au pied de son lit, s'écria, en lui montrant son côté percé de balles : « Voilà, monsieur, le résultat de vos funestes ordonnances ! » Il voulait parler de la prohibition du port d'armes, mesure sage sans doute, et utile sous plusieurs rapports, mais qui a pour inconvénient de livrer les honnêtes gens à la merci des bandits, et de leur arracher tout moyen de défense.

tistique, en trace un long tableau qui épouvante l'imagination.

Naguère encore, on ne comptait que par centaines le nombre d'assassinats commis. Les enfants suçaient, pour ainsi dire, l'esprit de vengeance avec le lait maternel ; on les initiait dès leurs plus tendres années à l'art funeste de surprendre un ennemi. Un père conduisait son jeune fils dans ses expéditions nocturnes, et ne cessait de fomenter dans son cœur la rage qui le dévorait lui-même. Les stylets et les armes à feu servaient de jouet à son enfance, et celui dont le cœur se serait refusé aux doctrines sanguinaires de ses parents eût été considéré comme indigne de sa race, quelquefois même, comme indigne de la vie [1]. Sans doute, ces barbares

---

[1] Un paysan corse avait caché un bandit dans sa demeure : un jour qu'il était absent, des gendarmes vinrent cerner sa maison, et se livrèrent aux recherches les plus minutieuses sans pouvoir découvrir la retraite du proscrit. Un enfant de sept ans, qui connaissait le lieu où

préjugés perdent chaque jour leur funeste puissance; sans doute, les crimes que nous avons racontés deviennent chaque jour plus rares, et obtiennent moins que jamais les sympathies de la population, mais le germe du mal n'est point étouffé; il circule encore, délétère et énergique, dans les veines de la nation. Un traité conclu, en 1843, entre le gouvernement français et le roi de Sardaigne, pour l'extradition mutuelle des malfaiteurs, a refoulé dans le canton de Sar-

---

il s'était réfugié, gardait seul le toit paternel. Les agents de la justice le pressent de leur révéler l'endroit où le bandit s'est caché. « Mon père, répondait le naïf enfant, m'a défendu de le dire à personne. » Après un pareil aveu, les instances redoublent; on lui fait mille promesses, on lui offre de l'argent. Enfin, ce pauvre enfant, qui ignorait peut-être le malheur que son indiscrétion allait appeler sur la tête du bandit, découvrit aux gendarmes le lieu de sa retraite.

Le père, informé à son retour de ce qui s'était passé, et outré de fureur, saisit son enfant : « Puisque, dit-il, ton cœur connaît déjà les honteux secrets de la trahison, puisque tu n'as pas craint de vendre pour de l'argent l'honneur de ton père, et de souiller par la perfidie son toit hospitalier, tu n'es pas digne de moi! » A ces mots, il lui plonge un poignard dans le cœur.

tène plus de trois cent cinquante bandits dont le désespoir servait d'aliment à leur fureur. Mais, privés de la cruelle influence qu'ils exerçaient depuis si longtemps sur leur malheureuse patrie, considérés non plus comme des proscrits pleins d'honneur, mais comme des brigands, objets de l'indignation publique, ces grands criminels sont bientôt tombés pour la plupart sous les coups de la justice humaine, en attendant la justice du Ciel. La Corse respire enfin, après des siècles de combats et de discordes sanglantes; et, nous le dirons toujours, au souvenir des immenses résultats qu'opère sous nos yeux, depuis quelques années, la vertu d'un seul homme, la terre des bandits devra son bonheur et sa liberté au prélat qui la civilise, en ouvrant son cœur sur elle, et en versant sur ses enfants les lumières de la religion et l'amour de la paix.

Nous n'ignorons point la part d'honneur que le gouvernement s'est méritée dans le grand œuvre de la civilisation de la Corse. Il a, nous le savons, secondé avec zèle les pieux efforts de l'évêque d'Ajaccio. Les grandes routes percées d'Ajaccio à Bonifacio, à Bastia et à Saint-Florent, en favorisant la circulation dans l'intérieur de l'île, feront pénétrer jusqu'au dernier des villages la douceur et la politesse françaises. La force armée, les gendarmes et les voltigeurs, tiennent, il est vrai, les bandits en échec, et assurent jusqu'à un certain point la sécurité des habitants. Mais tant que les makis, qui couvrent une grande partie de la Corse, fourniront à tous les malfaiteurs un asile assuré, tant qu'on ne pourra circuler d'un village à l'autre sans être exposé à mille avanies, souvent même à la mort, tant que les habitants n'auront pas compris qu'une société quelconque ne peut puiser une véritable vie que dans les bonnes mœurs, le travail et le commerce, la Corse ne sera pas solidement fixée dans les voies de la prospérité et de la paix ; on ne pourra lui procurer que ce bonheur factice, cette sécurité éphémère, dont les étais mal affermis s'écroulent sous la faux du temps et le souffle des révolutions. Que ceux qui tiennent entre leurs mains les destinées de la Corse cherchent sérieusement un remède à ses maux : ils le trouveront certainement dans ces trois choses : la destruction des makis, la culture des terres par des colons français, et l'extirpation de l'ignorance chez les habitants de l'intérieur. Qu'on nous permette de le redire : en dépouillant les collines et les vallées des ronces et des buissons qui les recouvrent, on enlève aux bandits le seul asile où ils puissent trouver la sécurité. A la vue des richesses que ce sol si fécond fera briller sous la main des laboureurs ; en face de ce bien-être qui suit partout l'homme exercé à la culture des champs, les Corses se réveilleront de leur léthargie ; la profession de laboureur ne sera plus méprisée ; on reverra en honneur la charrue maniée par des mains qui n'aiguiseront plus le tranchant des armes homicides.

Qu'on fasse défricher ces terres sauvages et fleurir ces sombres déserts : les habitants de l'intérieur, initiés enfin aux douceurs de la paix, et aux joies pures de la campagne, rappelleront par le bonheur de leur vie, le chant mélodieux du Cygne de Mantoue sur la félicité qui accompagne les travaux de la vie champêtre. La Corse, enrichie par le commerce et l'exploitation de ses fertiles vallées, ne sera plus onéreuse à l'Etat, et aux siècles malheureux qui ont passé sur elle succèdera un avenir brillant de vertus et de prospérités.

FIN.

TABLE DES MATIÈRES.

	Pages.
Dédicace.	5
Introduction.	7
Description topographique de la Corse. — Ses productions. — Son climat.	19
Topographie des villes et des villages principaux de la Corse.	37
Aperçu général sur l'histoire de la Corse.	73
État de la religion dans la Corse, depuis son établissement dans cette île jusqu'à nos jours.	99
Mœurs et usages des peuples de la Corse. — Bandits. — Anecdotes.	125

www.ingramcontent.com/pod-product-compliance
Lightning Source LLC
Chambersburg PA
CBHW060526090426
42735CB00011B/2381